城市更新与风景园林设计研究

杨晨辉　尚　璐　蔡尔豪　著

吉林科学技术出版社

图书在版编目（CIP）数据

城市更新与风景园林设计研究 / 杨晨辉，尚璐，蔡尔豪著. -- 长春 : 吉林科学技术出版社，2023.3

ISBN 978-7-5744-0158-7

Ⅰ. ①城… Ⅱ. ①杨… ②尚… ③蔡… Ⅲ. ①城市规划—研究②园林设计—研究 Ⅳ. ①TU984 ②TU986.2

中国国家版本馆CIP数据核字（2023）第053853号

城市更新与风景园林设计研究

著　　杨晨辉　尚　璐　蔡尔豪
出版人　宛　霞
责任编辑　王运哲
封面设计　树人教育
制　　版　树人教育
幅面尺寸　185mm×260mm
开　　本　16
字　　数　240千字
印　　张　11
印　　数　1-1500册
版　　次　2023年3月第1版
印　　次　2023年10月第1次印刷

出　　版　吉林科学技术出版社
发　　行　吉林科学技术出版社
地　　址　长春市福祉大路5788号
邮　　编　130118
发行部电话/传真　0431-81629529 81629530 81629531
81629532 81629533 81629534
储运部电话　0431-86059116
编辑部电话　0431-81629518
印　　刷　廊坊市印艺阁数字科技有限公司

书　　号　ISBN 978-7-5744-0158-7
定　　价　65.00元

前　言

进入21世纪，随着我国城镇化的加速发展，许多大中城市开展了轰轰烈烈的城市更新运动，大量旧改项目在改变城市面貌，提升城市环境质量的同时，亦面临着无序和低效开发、城乡区域发展失调、社会发展失衡等诸多端，城市盲目扩张问题暴露。如何更好地开展城市更新工作，实现城市的可持续发展，成为地方政府与规划设计单位须直面的课题。在国家新型城镇化的背景下，城市面临转型，由以往摊大饼蔓延式扩张转向城市内部的升级、挖潜，即从增量发展走向存量更新，这标志着我国城市发展进入了一个新的阶段。相应的，作为城市公共政策之一的城市规划，亦要顺应城市的转型发展，探索一条更科学、可持续的发展路径。而人们对环境视觉景观设计日益重视，以往局限于皇家园林、私家园林、寺庙会馆园林的古典园林等形态的观赏已经不能完全满足现代人对于园林景观的需要。将自然的风景与人工的园林相结合，将造园要素与城市景观相结合，是一条行之有效的设计之路，这是一个大的风景园林概念。政府规划的市政景观工程、企业环境绿化景观工程、酒店庭园环境规划设计、私家庭院景观设计和小区绿化景观设计都属于风景园林设计。

新时代城市更新的核心任务是保证城市发展的高质量和人居环境的高品质。而风景园林作为人居学科群的三大支柱之一，应积极服务于城市更新工作。以“生态优先、绿色引领”为学科优势引领城市更新走向更高品质的发展。在分析了中国城市更新的产生背景和战略需求后，通过阐述城乡规划、建筑、风景园林三 大学科在城市更新的人居环境建设中的不同作用，进一步展现了风景园林专业在城市更新中的特色和潜力。在明确了融入风景园林学科的城市更新以“绿色生态、美丽宜居、文化兼修”为三大目标。

本书首先介绍了城市更新的基本理论以及城市更新的要素特征以及城市更新动力，并以此为基础阐述了省市更新与城市发展之间的关系，继而分析了城市更新中的利益机制与社会成本、城市更新的维护保留以及城市公共品之间的问题，再介绍了风景园林的基础理论，进一步分析风景园林的设计原理和设计程序，并对风景园林的设计内容和方法进行了介绍，最后总结了城市更新和风景园林之间的关系以及城市更新背景下风景园林设计的成功案例。

因作者水平所限，本书之中不妥乃至谬误之处在所难免，敬请同仁以及读者朋友的批评与指正。

目　录

第一章　城市更新的基本理论

城市更新从最原始的建设行为来看，就是拆旧建新，没有专门的理论来支撑，只是在后来的发展中，人们越来越注重社会、经济、人文等方面的因素，管理者、开发商、权利人等也开始考虑更新改造的必要性、合理性、可行性、操作性等内容，使得城市更新的内涵越来越丰富。可持续发展理论、制度经济学理论等其他学科的理论也逐渐被引入城市更新中。本书以分析城市更新现状特征与实施过程为基础，通过对城市更新的评价、识别与综合调校来判别城市更新的方式及其规模，并就如何通过合理的规划引导与有效的治理手段来保证城市更新的顺利实施提出相应的建议。因此，结合规划研究的需要，本书主要介绍与城市更新实施密切相关的级差地租理论和产权制度理论，与城市更新内涵界定与策略相关的精明增长理论，与城市更新动力相关的触媒理论，与城市更新涉及主体相关的角色关系理论，以及与城市更新管理相关的城市管治理论。

第一节 级差地租理论

一、级差地租理论

土地作为一种生产要素，必然产生地租，地租的实质是什么？对此，马克思指出，“不论地租有什么独特的形式，它的一切类型有一个共同点——地租的占有是土地所有权借以实现的经济形式”。

（一）古典经济学地租理论

西方古典经济学创始人威廉·配第（William Petty）在其劳动价值论和工资理论的基础上首次提出了地租理论；亚当·斯密（Adam Smith）则是最早系统研究地租问题的人；大卫·李嘉图（David Ricardo）是古典经济学的最后完成者，他提出了级差地租的概念，以及地租产生的两个前提条件：一是土地的稀缺性；二是土地的差异性。

（二）新古典经济学地租理论

土地边际生产力理论和竞投地租理论均属于新古典经济学地租理论。新古典经济学地租理论认为各种生产要素都能创造价值，劳动、资本、土地各要素分别按各自的贡献取得报酬，即工资、利息和地租。土地使用的报酬只是“商业租金”，它包含两种成分：“转移收入”和“经济租金”。前者是对地力消耗的补偿，后者则是一种反映土地稀缺性的有价值支付。

在图 2-1 中，横轴 *Q* 为土地供给量，纵轴 *CR* 为商业租金，阴影部分 *ER* 为经济租金，*D* 为需求曲线，*S* 为供给曲线，点状部分 *TE* 为转移收入。土地供给弹性与地租之间存在如下关系：当土地是大量的，供给完全弹性时，则商业租金完全由转移收入组成，经济租金可以忽略不计。当土地是有限的，供给有一定弹性时，经济租金与转移收入同时存在，二者的比例关系取决于供给弹性的大小。一般来说，城市规模越大，土地供给弹性越小，则经济租金比例越高；反之亦然。当土地是稀缺的，供给完全非弹性时，则商业租金完全由经济租金组成，转移收入可以忽略不计。

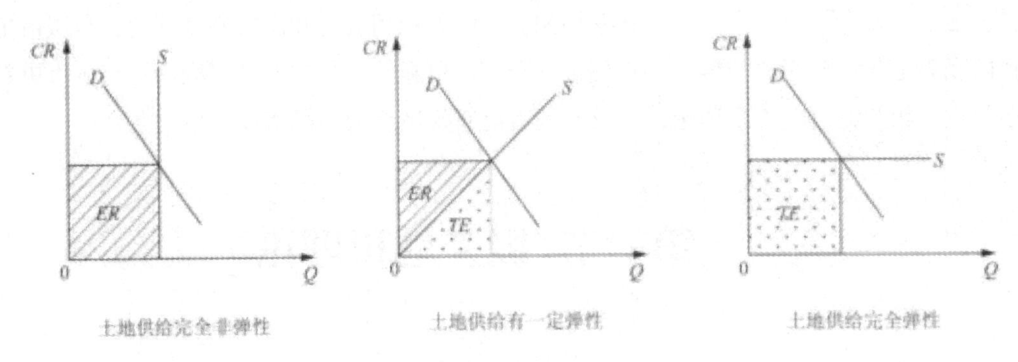

图 2-1 土地供给弹性与地租构成

（三）马克思的地租理论

马克思的地租理论指出了资本主义地租的本质是剩余价值的转化形式之一，阐明了资本主义地租的三种形式：绝对地租、级差地租和垄断地租。绝对地租：土地所有权的垄断阻碍着资本自由地转入农业，使农业中较多的剩余价值可以保留下来而不参加利润平均化的过程。这样，农产品不是按社会生产价格而是按高于社会生产价格的价格出售，于是农业资本家在获得平均利润之外，还能把农产品价值与社会生产价格的差额部分占为已有，成为绝对地租。

级差地租：级差地租是由于经营较优土地而获得的土地所有者占有的那一部分超额利润，其按形成条件的不同又可分为级差地租Ⅰ和级差地租Ⅱ。级差地租Ⅰ等于个别生产价格与社会生产价格之间的差额，即平均利润以上的余额。这种超额利润除了劣等地不能获得之外，中等地与优等地都能获得。级差地租Ⅱ是在同一地块上由于连续追加投资而形成的级差地租，它与级差地租Ⅰ一样，也是农产品的个别生产价格与社会生产价格之间的差额，即超额利润。

垄断地租：垄断地租是资本主义地租的一种特殊形式，指从具有独特自然条件的土地上获得的超额利润转化而来的地租。垄断地租不同于级差地租和绝对地租，是资本主义生产关系中的一种特殊现象，会因为竞争规律的影响及购买后的需要和支付能力的变化而变化。

（四）地租杠杆的应用

随着城市空间资源的日趋紧缺，土地这个生产要素的稀缺性在城市经济发展中表现得尤为重要。因此，地租作为一种经济杠杆，对于城市经济的调节作用也体现得更加明显，特别是通过对城市衰败地区的更新改造，一方面可以提升城市环境、完善城市功能等以达到城市发展建设的目的，另一方面可以提高土地的商业租金和级差地租，同时也能最大限度地提高土地的利用效率。地租杠杆对城市更新的影响主要体现在以下几点：

1. 绝对地租促进工业区的升级改造

只要使用土地就必须缴纳一定的使用成本，即由于绝对地租的存在，迫使土地使用者把土地的租用数量减少到最低限度，并在已租的土地上追加投资，以尽可能提高土地的产出率。就工业用地而言，特别是对于一些厂房陈旧、产业结构层次较低的旧工业区，在租金杠杆的作用下，必然会对原有的工业厂房进行升级改造，通过“腾笼换鸟”引入高端产业，从而推进整个城市产业结构的优化调整。

2. 级差地租影响城市产业的空间布局

不同的产业由于其生产过程的特殊性，对土地位置的要求和敏感程度不同，在同一地块上安置不同的产业，会导致不同的产出率，形成不同的经济效益。如日本东京用于三次产业的土地单位面积产出值之比为1 ∶ 100 ∶ 1000。因此，在城市空间上由于各产业支付高低悬殊的级差地租，导致高附加值的产业布局于城市的中心地区，中等附加值的产业布局在中心地区的周边，低附加值的产业则布局在城市的边缘地区，这就是产业布局的一般规律。

3. 级差地租控制城市规模的膨胀

级差地租不仅存在于同一城市的不同区位上，也存在于不同规模的城市之间。一般来说，大城市高于小城市，因此，大城市昂贵的地价最终会形成一种排斥力，将那些古地过大或对土地需求量大的企业推向周边的中小城市。这样一方面减轻了城市用地的巨大压力，从而也控制了大城市规模的无限膨胀；另一方面也带动了中小城市的发展，有利于城镇体系的合理布局。

第二节 产权制度理论

产权是一个非常复杂的概念，这主要是源于现实生活中产权存在和转换的复杂性。产权的本质特征不是人对物的关系，而是由于物而发生的人与人的关系。产权不是物质财产或物质活动，而是抽象的社会关系，它是一系列用来确定每个人相对于稀缺资源使用时的地位的经济和社会关系。从外延来界定产权，就是逐一列举产权包含哪些权利。《牛津法律大辞典》解释为：“产权亦即财产所有权，是指存在于任何客体之中或之上的完全权利，它包括占有权、使用权、出借权、转让权、用尽权、消费权和其他与财产权的关系。”由于财产包括有形财产和无形财产两种，所以产权也就不仅包括人对有形物品的权利，而且还同时包括人对非有形物品的权利。

产权所包含的内容是非常丰富的，但从最根本的关系上，可以将产权的内容分为四类，即所有权、使用权、处置权和收益权，四种权利可分可合，共同构成产权的基本内容。

一、产权的特性

产权的排他性：是指决定谁在一个特定的方式下使用一个稀缺资源的权利，即除了“所有者”外没有其他任何人能持续使用资源的权利。产权的排他性实质上是产权主体的对外排斥性和对特定权利的垄断性。

产权的可分解性：是指对特定财产的各项产权可以分属于不同主体的性质。

产权的可交易性：是指产权在不同主体之间的转手或让渡。产权的可交易性意味着所有者有权按照双方共同决定的条件将其财产转让给他人。

产权的明晰性：是相对于产权“权利束”的边界确定而言的，排他性的产权通常是明晰的，而非排他性产权往往是模糊的。产权的明晰性是为了建立所有权、激励与经济行为的内在联系。

产权的有限性：一是指任何产权与别的产权之间，必须有清晰的界限；二是指任何产权必须有限度。前者指不同产权之间的界限和界区；后者指特定权利的数量大小和范围。

二、产权的功能

明晰的产权可以减少不确定性，降低交易费用。人们确立或设置产权，或者把原有不明晰的产权明晰化，就可以使不同资产的不同产权之间的边界得到确定，使不同的主体对不同的资产有不同的、确定的权利。这样就会使人们的经济交往环境变得比较确定，权利主体明白自己和别人的选择空间，也就意味着人们从事经济活动的不确定性减少或交易费用降低了。

外部性内在化。产权关系归根结底是一种物质利益关系，并且还是整个利益关系的核心和基础。如果经济主体活动的外部性太大，经济主体的积极性就会受到影响。产权规定了如何使人们收益，如何使之受损，以及为调整人们的行为，谁必须对谁支付费用等，因此，产权确定的最大意义就是使经济行为的外部性内在化。

激励和约束。产权的内容包括权能和利益两个不可分割的方面，任何一个主体，有了属于他的权利，不仅意味着他有权做什么，而且界定了他可能得到的相应的利益。如果经济活动主体有了界限确定的产权，就界定了他的选择集合，并且使其行为有了收益保障或稳定的收益预期。产权的激励功能和约束功能是相辅相成的，产权关系既是一种利益关系，也是一种责任关系，就利益关系而言是一种激励，就责任关系而言则是一种约束。

资源配置。产权安排或产权结构直接形成资源配置状况。相对于无产权或产权不明晰状况而言，设置产权就是对资源的一种配置。任何一种稳定的产权格局或结构，都基本上形成一种资源配置的客观状态。

收入和分配功能。产权的收入分配功能只针对经济主体的所得而言，收入的流向和流量，本身就是资源流向和流量的一部分以收入的形式配置到了不同主体，一定的收入分配格局即是一种既定的资源配置状况。

三、对城市更新的影响

城市更新过程涉及诸多环节，包括产权主体的界定、产权主体的改造意愿、改造主体的确定、拆迁补偿安置、改造实施，以及改造后利益的再分配等，在这一系列的环节中，关键问题是产权的明晰化。政府在大力推进城市更新改造的工作中，先后出台了若干城市更新相关的政策法规，试图通过界定产权的方式来解决城市更新中出现的确权等问题。但正如产权制度理论所认为的，产权的界定和清晰化是需要付出成本的，甚至超过社会边际成本。产权的清晰化是政府按照一定的制度、规则对原业主所“拥有”物业的认可，从社会经济的角度出发，产权确认本身就是一种交易，当这种交易成本为零时，产权对资源的配置没有影响，产权的确认就会很容易进行，城市更新工作也就顺利推进。但是，在产权特别混乱的情况下，确认产权的交易成本比较高，产权不清或模糊的现象比比皆是，从而导致城市更新工作推进难度很大。因此，在产权确认中出现的种种外部性，需要政府进行干预，创新性地制定更新改造政策，减少产权明晰化过程中的不确定性，降低产权确认的成本，以加快推进城市更新工作。

第三节 精明增长理论

一、“精明增长”的思想内涵

梁鹤年认为“精明增长”理念的提出得益于新城市主义，精明增长的十条原则包括：混合式多功能的土地利用；垂直的紧凑式建筑设计；能在尺寸样式上满足不同阶层的住房要求；建设步行式社区；创造富有个性和吸引力的居住场所；增加交通工具种类的选择；保护空地、农田、风景区和生态敏感区；加强利用和发展现有社区；做出可预测的、公平和产生效益的发展决定；鼓励公众参与等。

学术界对“精明增长”的思想进行了广泛的探讨，总体而言，其思想内涵主要包括以下几个方面：

（1）倡导土地的混合利用，以便在城市中通过自行车或步行能够便捷地到达任何商业、居住、娱乐、教育场所等。

（2）强调对现有社区的改建和对现有设施的利用，引导现有社区的发展和效用增强，提高已开发土地和基础设施的利用率。

（3）强调以建设交通、满足能源需求以及防治环境污染的方式来保证生活品质，提供多样化的交通选择，保证步行、自行车和公共交通间的连通性，将这些方式融合在一起，形成一种较为紧凑、集中、高效的发展模式。

二、精明增长理论的应用

1. 城市蔓延

精明增长理论所解决的是城市无序蔓延的问题，反映了一种紧凑型的城市空间扩展和规划理念，该理论强调通过交通方式的改变和融合，创造富有个性和活力的居住场所；通过城市更新活动，改善城市衰败地区、老城区的交通及公共配套设施，提高老城区的生活质量，从而最大限度地利用城市建成区中的存量资源，以减少对城市边缘地区土地开发的压力。

2. 紧凑式发展

精明增长理论注重社区、街区、邻里等中等尺度的设计和规划，这种中等尺度与人的需求尺度是相吻合的，体现了“以人为本”的思想。城市更新的目的就是通过物质空间的改造以满足社会、经济以及环境等方面的发展需求，这种需求反映了人们对社会经济的需要从一般需求向较高层次需求的转变。拆旧建新是城市更新中的常见形式，提高开发强度是平衡城市更新各方利益的核心和关键所在。因此，紧凑式发展以及合理的用地功能匹配是开展城市更新工作的基本出发点。

3. 公交导向发展模式

公交导向发展模式（Transit Oriented Development，TOD）是精明增长理论的重要思想内容之一，该理论强调在区域层面上整合公共交通和土地利用的关系，使二者相辅相成。一般而言，TOD 强调临近站点地区紧凑的城市空间形态，混合的土地使用，较高的开发强度，便捷、友好的地区街道和步行导向发展（Pedestrian-Oriented Development，POD）的环境。随着城市交通干道及轨道交通的建设，交通轴线两侧及主要站点地区将成为城市更新的主要目的地。从级差地租的理论出发，这些地区通过更新改造将成为城市开发强度最高、功能最为复合的地区，同时也是公共交通最为便捷、配套设施最为完善的地区。

4. 城市增长边界

精明增长理论在反对城市无序蔓延的同时，也试图回答“不断增长中的大都市地区范围的确定问题”，而设定“城市增长边界”作为一种日益流行和富有成效的方法，可将开发控制在划定的区域内。城市蔓延的一个巨大问题就是城乡边界趋于模糊。因此，如何清晰确定城乡边界，保护自然景观和开散空间是控制城市蔓延的核心内容。

第四节　触媒理论

一、城市触媒理论

触媒（Catalyst）是化学中的一个概念，意指一种与反应物相关的，通常以小剂量使用的物质，它的作用是改变和加快反应速度，而自身在反应过程中不被消耗。20 世纪 80 年代末，美国建筑师韦恩·奥图和唐·洛干通过对美国中西部典型城市的一些城市复兴案例的研究，在《美国都市建筑——城市设计的触媒》一书中提出了“城市触媒”的概念，他们认为，城市触媒类似于化学中的催化剂，一个元素发生变化，会产生连锁反应，影响和带动其他元素一起发生变化，进而形成更大区域的影响。城市触媒，又叫作城市发展催化剂，它的物质形态可以是建筑、开放空间，甚至是一个构筑物，它的非物质形态可以是一个标志性的事件、一个特色的活动、一种城市建设思潮等。城市触媒是可以持续运转的，能够激发和带动城市的开发，促进城市持续、渐进的发展。城市触媒的作用特征可以归纳为以下几个方面：新元素改变了其周围的元素；触媒可以提升现存元素的价值或做有利的转换；触媒反应并不会损坏其文脉；正面性的触媒反应需要了解其文脉；并非所有的触媒反应都是一样的。因此，在城市开发过程中，可以通过个别具有标志性的建筑、开放空间或城市事件等的引入，以此激发城市相关区域的全面复兴，最终起到以点带面的触媒作用。城市触媒理论的核心内容是在市场经济体制和价值规律的作用下，通过城市触媒的建设，促使相关功能集聚和后续建设项目的连锁式开发，从而对城市发展起到激发、引导和促进作用。

简言之，城市触媒的目的是“促进城市结构持续与渐进的改革，最重要的是，它并非单一的最终产品，而是一个可以刺激和引导后续开发的重要因子”。此外，城市触媒有等级之分，即由于每个触媒项目的重要度及影响度的不同，其对周边环境的刺激力度也就存在差异，同时，它的作用力还与空间距离成正比例关系。

二、更新触媒概念

如果把城市比作一个生命体，城市更新就是这个生命体的自我新陈代谢，它是一种自然的、必需的、持续的、规律的活动。对一个城市来说，没有更新活动或片面地强调大规模更新都是不正常的，违反发展规律的。因此，城市更新必然是一个循序渐进的过程。那么在这个渐进的过程中，什么力量诱发了城市的更新活动？生命体中的新陈代谢活动需要大量媒的参与，同样城市更新也需要由某种或某些“媒”来触发。

以城市触媒理论为基础，从一种“媒”或“催化剂”的视角对城市更新的动力进行分析：一项或多项建设行为能够带动或激发某片区的活力，从而创造富有生命力的城市环境的“催化剂”，就是一种更新触媒。更新触媒具有某种活力，它既是城市环境的产物，又能给城市带来一系列变化，它是一种产生与激发新秩序的中介。通过更新触媒持续的、辐射的触发作用，逐步促进整个城市生命力的复苏和增强。

三、更新触媒分类

根据触媒的功能、形态、发挥作用的不同，将更新触媒分为城市空间触媒、经济活动触媒、社会文化触媒三种类型。

城市空间触媒主要指由于空间环境因素所触发的对城市更新活动的影响，包括地铁、广场、大型公共设施的规划建设，新城、口岸、机场等大型项目的规划开发，规划确定的重点发展区域等。如城市地铁站点建设对其周围环境在一定范围内（500m）会产生巨大的影响，如果这个范围内有城中村、旧工业区等，那么地铁站这一空间环境触媒就会激发这些更新改造对象的更新活动。对于处在重点产业区、中心区或景观轴两侧的更新对象，由于这些空间环境触媒不同作用力的影响，会在不同程度上触发更新对象的更新活动。

经济活动触媒主要是从市场角度分析哪些因素能触发城市更新活动，包括大型商贸展览会、大型商业综合体、重大经济项目，宏观及地区经济形势，市场投资兴旺程度等。从城市触媒理论的根基分析，市场经济的活跃度是引导城市触媒触发城市建设活动非常重要的因素。因此，市场经济触媒是决定更新活动能否积极开展、顺利实施的重要媒介，也是促进一系列市场自发更新活动的内在动因。

社会文化触媒更多的是强调一种自上而下的动力因素，包括历史文化街区、民俗活动、优秀传统文化活动、旅游开发项目、重大社会文化事件、公共服务、政策导向、价值观念等。在强调政府强势推动城市更新的背景下，社会文化触媒会对城市更新活动产生巨大的影响。

以上三种分类，触媒之间并不是完全区分开的，城市空间触媒从规划引导方面来看，与社会文化触媒有交叉，经济活动触媒与社会文化触媒在城市更新活动中也是密切相关的。可以说，这三类更新触媒的构成不是静态的、一成不变的，每个触媒对城市更新活动的作用力也不是静态的，而是始终处于一个动态变化的过程中。如区域环境、城市发展思路的变化，突发事件、重大项目的出现，都会对城市更新触媒的触发作用产生影响。因此，我们需要在此基础上根据时事的变化及时调整、发觉更新触媒。

与之类比，在城市发展中引入触媒概念可形象地描述相对独立的城市开发活动对城市发展的影响，它鼓励建筑师、规划师以及决策者去思考个别开发项目在城市发展中的连锁反应潜力，这实际上是在更高的层次上反映城市建设活动。

四、更新触媒与更新动力

在城市发展过程中，不同类型的更新触媒会触发不同效应的更新活动，而且更新触媒在影响力方面也会有所不同，一般会随着空间距离的增加而衰减。因此，在判断城市中哪些地区需要更新时，首先，需要分析是哪类或哪几类更新触媒影响着城市更新；其次，需要对更新触媒的触发作用及影响范围进行深入研究；最后，在明确了更新动力的基础上，制定更新地区的具体更新策略与运作程序。最终通过一系列的更新触媒来触发城市整体环境持续的、有规律的改变，使城市的发展进入一个良性的发展轨道。

第五节　角色关系理论

角色互动关系决定项目中的机制设置和过程中的资源成本分配。对角色关系的研究，不仅仅是对更新主体在项目流程中所扮演角色的简单界定，而在于对其互动肌理及内在联系的本质剖析。国内尚未形成角色体系的研究概念，而在国外，对于角色关系的研究不断发展，形成了政体理论、多元合作理论、赞助人与支持人理论、增长机器和交换价值—使用价值矛盾论以及其他理论等框架。

一、政体理论

城市政体理论（Regime Theory）是从政治经济学的角度出发，对城市发展动力中三种力量（政府代表的政府力量、工商业及金融集团代表的市场力量和社区代表的社会力量）之间关系的分析，以及这些关系对城市空间的构筑和变化所引起的影响提出的一个理论分析框架。城市政体理论包括城市地区不同机构层（地方政府、市民社会和私营部门）关系的性质、质量和目标的总和，涉及中央、地方和非政府组织多层次的权力协调，其中政府、公司、社团、个人行为对资本、土地、劳动力、技术、信息、知识等生产要素控制、分配、流通的影响是其研究的主要内容。

由斯通（Stone）、罗根（Logan）和莫罗奇（Molotch）所创建的政体理论有两个前提：一是在市场经济下，社会资源基本上由私人（包括私有企业和个人）所控制；二是政府由市民选举产生，代表全体选民的利益。由此可见，政体理论强调处理两方面的关系：一是政府与市民的关系；二是政府与私人集团的关系。由于大部分社会资源在私人控制之下，政府所能支配的资源有限。为了得到私人集团的投资，政府需要与他们确立相关的权利分配规则和行为规范，必要时政府还要做出让步，提供优惠条件以满足他们的要求。这就出现了掌握着权力的政府的“权”和控制着资源的私人集团的“钱”的结盟，称为“政体”（Regime）。这种结盟既代表了统治者群体的利益，同时又受制于社会的约束，即来自市民的监督。因为权钱的结盟若是以牺牲过多的社会利益为代价，或者城市发展带来的利益未能被市民所享受，那么市民在选举时可以用改选市政府的办法来拆散现有的权钱同盟，成立新的市政府。新的市政府开始会较多地考虑市民的利益，但一旦发现向控制资源的私人集团让步是吸引投资的必要条件，就可能导致新一轮的政体变迁。政体理论的核心就是如何在政府与市民的关系和政府与私人集团的关系之间找平衡点。一般而言，由于“权”和“钱”的力量总是大于社会的力量，因此关键是如何加强社会的监督作用，培育社区参与决策能力。

该理论认为，城市空间的变化是政体变迁的物质反映。对于不同的“政体”结盟形式，“政体”主导者将会实施不同的城市发展战略，从而引起城市空间结构的不同变化。例如，如果商业、零售业及投资于市中心的开发商和市政府结盟，则市中心改造会成为政府关心的重点。在总投资有限的情况下，城市空间变化会表现出市中心更新，而一般社区面貌不变甚至出现衰退的状况。在这些社区中的高收入者将会外迁，使得地价、房价下降；低收入者迁入，替换了原来收入较高的居民，使城市空间发生重组。

二、多元合作理论

1992年，麦金托什（Mackintosh）提出更新活动中的合作伙伴关系理论，其核心在于政府（公共部门）、私有部门和社区通过合营制度进行协商和资源整合，在平等互惠的基础上，善用各方的经验和优势，以达到最大的社会增益。

合作伙伴关系模式分为三种：一是协同模式（Synergy Model），即汇集各合作伙伴的知识、资源、理解和作业文化，使合作伙伴组织能取得更多的成绩，达到总体大于个体的协同效应。二是预算模式（Budget Model），即通过合作伙伴组织的形成以集结更多资金，达到资源整合的效果。三是转型模式（Transformational Model），即各合作伙伴有着不同的工作方式与重点，这将有利于实现创新和不断进行调整，促进彼此间的合作。

在角色互补的体制下，除了要兼顾企业效率及社会公平原则外，还要引进公民参与决策、制定社区主导规划等概念。社区的参与，往往能使居民充当监察者的角色，以填补政府或专业人士在决策上的不足，构成一种平等、互重、互学的关系。

三、赞助人与支持人理论

博勒加德（Beauregard）在描述美国历史上应对不同的经济和政治力量而提出的四种合作关系时，提出"赞助人与支持人关系"的概念，认为城市活动中的公共部门从私人部门获得资金赞助，从而掌控城市活动，而私人部门则利用公共部门达成的协议提供城市公共服务事务，并出资编制城市规划。这一理解方式在此后的研究中被经常应用，并侧重于理解政府在更新活动中所扮演角色的辨析。

四、增长机器和交换价值——使用价值矛盾论

罗根和莫罗奇的著作主要在两个方面对城市更新研究做出了巨大贡献：一个是"交换价值"（Exchange Value）和"使用价值"（Use Value）；另一个是"增长机器"（Growth Machines）的概念。基于将城市空间视为商品的前提，他们通过交换价值和使用价值之间的错位关系来解释城市开发过程中的矛盾。

交换价值是城市土地和空间的所有者通过市场获得的租金或出让金等经济利益；使用价值是居民或租户在使用城市空间时空间所体现出的价值，包括多元的社会互动、舒适的生活活动场所、健康的生态系统。在城市房地产市场中，那些直接参与到城市商业交易中并获得利益的人，被称为"空间企业家"（Place Entrepreneurs），他们希望通过城市空间的置换获得利益，看到的是土地的交换价值，空间所能产生价值的能力。而那

些真正使用空间的人关注的是土地本身的使用价值，空间所提供的活动平台和社会互动。城市再开发的矛盾本质是这两类人之间的矛盾，是交换价值和使用价值之间的冲突。由追求交换利益者集合而成的联合体被称为增长机器。增长机器是以土地为基础的精英的联合体，由空间的经济利益联系在一起，促使城市政治朝他们所追求的经济扩展和财富积累的方向发展。增长机器理论和交换机制——使用价值矛盾论解释了城市再开发中的经济动力。

五、其他理论

1. 多元主义

多元主义理论于 1961 年被提出，该理论认为城市是无精英主导的，决定权广泛分配在众多城市利益相关参与者之中。多元主义者认为，对城市发展决策起作用的政治影响力是广泛分布的，且在不同政治领域之间存在不平衡。在政府最小化和民主深化的情况下，城市的发展受到离散的多方政治力量的影响。多元主义反对政府是由单一的、少数的拥有权力的精英所把持的观点，指出决策过程中，有很多不同的精英参与其中，相互争辩又互相妥协，并将这些参与的精英的联合体称为“以执行为中心的联盟”(Executive Centered Coalition)。多元主义实证地分析了当时除了地方政府之外，主要是商业和大学医院等这样的非营利机构构成了城市再开发的重要主体。

2. 公共选择理论

公共选择理论认为投票人、政治家和政府官员等都是具有个人利益的主体，主要研究他们在社会框架下的互动情况。该理论的前提假设是观察到的政治模式反映了行为个体对利益的理性追求。根据对个人利益和集体利益之间关系的不同观点，该理论又分为硬、软两个分支。软公共选择理论认为，个人理性和集体理性之间基本是对立关系；项目决策往往是少数人获得大部分的利益，而成本却是由大范围的很多人共同承担；同时，类似医院这样的决策者主要关注的是加强其自身的政治基础，而不是项目本身的经济效益。硬公共选择理论则认为，地方政府官员和公共事务领导者不仅仅是谋取他们的个体权益，而且存在着一个追求行政区整体利益的共同基础，他们的协作大于矛盾。

第六节 城市管制理论

20 世纪 90 年代以来，随着“冷战”的结束和经济全球化程度的加深，发达国家与发展中国家都在经历着巨大的经济、社会等体制转型，城市尤其是大城市在不断发展的同时，也面临着一系列社会和环境问题。对于这些问题，各国政府都做出了大量努力，但由于政府失灵、市场失灵的原因，单纯的市场机制与单纯计划体制一样，都不能很好地予以解决。在这样的背景下，近年来，作为一种在政府与市场之间进行权力平衡再分配的制度性理念，同时兼顾多方群体的利益与社会公平问题，城市管治已经愈来愈成为全球性的共同课题。

一、理论基础

顾朝林认为，西方国家的城市管治框架是建立在管理理论之上的。西方第一代管理理论，是以“经济人”假设为基础和前提的“物本”管理；第二代管理理论是以“社会人”假设为基础和前提的“人本”管理；第三代管理理论是以“能力人”假设为基础和前提的“能本”管理。

沈建法认为，在全球化的时代，资本和人才流动性很大，世界各地的竞争日益加剧，许多城市采用创业型的政策来加强城市竞争力。城市管治也从管理型向创业型转变，使城市管治问题变得更加复杂。通过探讨城市政治经济学和城市管治的关系，他认为，城市管治是对各种社会经济关系的一种调整，城市政治经济学是城市治理的理论基础。

二、理论内涵

城市管治的本质在于用“机构学派”的理论建立地域空间管理的框架，提高政府的运行效益，从而有效地发挥非政府组织参与城市管理的作用。它强调的是城市政府和其他社会主体，管理者和被管理者之间的权力分配与平衡对城市管理的重要性，以及城市管理主体的多元化。更明确地说，城市管治就是在城市管理过程中，政府管理权限下放，通过多元主体的空间交叉管理，实现城市的良性发展。

城市管治的内涵可以概括为以下五个方面：

一是城市权力中心的多元化。城市开发、建设和管理权力中心的多元化日益明显，不是政府一个中心来投资建设公共设施，而是许许多多的外来投资者、社会团体都可以建设管理城市。

二是解决城市经济和社会问题责任界限的模糊化问题。管治的过程是将原由政府独立承担的责任转移给社会团体和企业，即政府要尽可能让渡权力于社会团体和企业。

三是涉及集体行为的各种社会公共机构之间存在着权力依赖关系。一方面，凡是与市民集体行为有关的所有的社会团体，相互之间是依赖的、促进的，这是一个本质特征，从而导致了在城市发展的大目标上，大家的目标是趋同的，都要为了增强城市的竞争力来出力献策。但另一方面，不同人群、团体机构利益又是多元化的，要通过有效管治将利益多元与目标趋同结合在一起。

四是城市各种经营主体自主形成多层次的网络，并在与政府的全面合作下，自主运行并分担政府行政管理的责任。每一个层次都有自组织的特性，要把它们发挥好。

五是政府管理方式和途径的变革。有三个层次：①激发民众活力。②培育竞争机制。政府不仅要在城市各方面培育竞争机制，而且政府组织自身要引进竞争机制。③弥补市场缺陷。政府只管市场解决不了的、管起来不合算的、其他人不愿意管的事。把政府规模搞得很小、很精简、很省钱，这与更好地为市民服务的宗旨是完全一致的。

三、主要内容

城市管治的内容可以分为以下三个层次：

一是治理结构，指参与治理的各个主体之间的权责配置暨相互关系。如何促成城市政府、社会和市场三大主体之间的相互合作是其解决的主要问题。为此，需要将“市民社会”引入城市管理的主体范畴，进行“合作治理”。

二是治理工具，指参与治理的各主体为实现治理目标而采取的行动策略或方式，强调城市自组织的优越性，强调对话、交流、共同利益、长期合作的优越性，进行“可持续发展”。

三是治理能力（公共管理），主要针对城市政府而言，是指公共部门为了提高治理能力而运用先进的管理方式和技术。

在三个层次中，治理结构强调的是城市管治的制度基础和客观前提，公共管理是治理主体采取正确行动的素质基础和主要前提，而治理工具研究的是行动中的治理，是将治理理念转化为实际行动的关键。城市政府的治理工具是城市治理理论的应用核心。

城市制度也是城市管治研究的一个重要对象。制度理论认为制度是价值、传统、标准和实践的主流系统形成的或约束的政治行为，制度系统是价值和标准的反映，其最核心的观点是制度交易成本与实际资源使用的关系，即制度交易成本的发生和演变是为了节约交易成本。城市管治也涉及制度交易成本，因此在城市管治中，如何构建有效的管治模式,发挥非政府组织参与城市管理,提高政府运行效率,是城市管治研究的重要内容。

城市管治还具有空间的意义，是指“以空间资源分配为核心的管治体系”。城市地域空间是城市一切社会经济活动的载体，从个人的日常生活到城市行政区划调整，都是以城市地域空间为基础，对城市空间的管治就是为了合理配置城市土地利用和组织社会经济生产，协调社会发展单元利益，创造符合公共利益的物质空间环境。

第二章　城市更新的要素特征与动力

城市是人类社会活动的动态有机体，而这个庞大的社会有机体的新陈代谢过程就是城市更新。城市更新一方面是城市客观物质实体（基础设施等建筑物硬件）的拆除、改造、维护与重新建设（在城市长期发展过程中，这种以拆迁、改造、维护与投资建设为主要过程的城市更新是不可避免的）；另一方面城市更新又是生态环境、空间社会环境、文化视觉环境的改造与延续，包括社会网络结构和由此形成的心理定式。

第一节 城市更新的要素

世界上任何国家的城市更新都有一些共同的特征，都包括了一些共同的基本要素，如城市更新的主体、城市更新的对象、城市更新的目的、城市更新的过程、城市更新的评价标准等等。

一、城市更新的主体

在城市更新过程中，城市政府、投资开发和施工企业、原住机构和市民是主要的参与者或涉及者，他们在其中扮演着不同的角色，正确处理相互之间的关系，对于整个更新过程起着至关重要的作用。政府又可以分为一级政府和政府具体职能部门，在城市发展中它是城市更新的主导者，在目前来看负责城市更新规划的制定、实施及对于开发商具体工作的监督等；在具体的城市更新过程中，开发企业分化为产权拥有方、承包商，它负责城市更新的具体实施工作，并力图最大化盈利；随着自身参与意识及能力的提高，市民也逐渐成为城市更新的重要参与者，他们通过各种手段向政府及开发商施加压力，使城市更新向着对自身更加有利的方向发展。此外，原住机构、原住居民、新进入者和一些非营利社团，在城市更新中利益追求差别极大，甚至是对立的。

二、城市更新的对象

城市更新的对象一是直接的有形的，即物质形态上老化、结构缺陷和功能衰退或损毁的市区建筑设施；二是间接的无形的，即邻里关系、社区网络、空间视觉、人文环境等。

城市作为人类社会现代文明的重要标志，不仅具有物质上的形态美感，还通过其结构、功能发挥着基础作用。一个现代化的城市不仅能够满足本地居民的基本生活要求，还能够吸纳接受更多的人力资源等各种要素流入城市，促进城市更好、更快地发展。城市更新所针对的“老化市区”，并不单纯指城市硬件的老化，比如建筑物的破旧、棚户区的存在、城市基础设施不完善，还意味着城市功能的衰退，包括城市更拥挤、不能提供足够的就业机会、市民的生活水平得不到提高、城市文教卫生发展缓慢、政府信任度不高、投资环境差等等。

三、城市更新的目的

从整体上讲，城市更新的目的是提高城市的竞争力和城市整体社会福利。城市更新的直接目的是提升城市的竞争力，实现城市现代化，而根本目的或最终目的是改善城市的整体社会福利。吸引资源、引进外来资本和人才的根本目的是发展城市，提高物质文化生活水平，实现城市整体社会福利的提高。城市更新是提升城市竞争力的有效手段。在我国，随着我国加入世贸组织和经济的全球化、世界的一体化，城市之间的竞争愈演愈烈，我国的城市发展也面临着前所未有的挑战。“如何提升城市竞争力”已经被城市领导者列入政府的重要议程，并积极展开讨论、采取了相应对策。各地城市发展不平衡的现象，本质上就是城市竞争力的差异。竞争力强的城市，不仅会获得更多的稀缺资源，而且会优化配置这些资源，提高资源的利用率，培养出更多的有竞争力的产业部门和企业，为市民提供更多的获得知识和就业的机会，为市民提供更多更好的社会保障和社会福利。反之，一个缺乏竞争力的城市，将在激烈的竞争中趋于衰落以至于在经济社会新环境中被淘汰出局，企业外迁、人才外流、资本撤出，资源流失，从而错失发展机遇。城市更新对于城市硬件和软件的更新，进行旧城改造、完善基础设施、改善生态环境、提供优质公共服务、倡导自由，就是为了不断提高城市提供服务的能力、获取并转化资源的能力、提供高品质生活的能力等，在满足本地市民需求的同时，不断吸引外来人才、资本、技术、企业等资源。但所有发展的手段，不是为发展而发展，不是为更新而更新，也不是为城市而城市，最终是为了城市整体社会福利的提高。

四、城市更新的过程

城市更新是一个漫长的持续过程，不是一个简单的结果。城市更新是城市发展的过程。城市发展包括两层意思：城市化和城市现代化。城市化是农业社会转化为工业社会的过程，是工业化的产物和过程伴生物，是农村人口转化为城市人口以及资源向城市集中的过程。城市现代化既是城市基础设施现代化，也是城市管理、制度、服务和文化的现代化。城市设施即城市硬件的现代化无疑要靠城市更新来实现。所以，城市更新就是城市不断现代化的漫长过程。一是城市规模和现有建筑设施成为城市更新的基础；二是城市现有物力财力是城市更新的物资限制；三是城市发展具体需求和城市人口规模增长是城市更新的一般动力。因此，城市更新必须与城市的扩展、经济发展水平、财力物力等相适应，特别是要与城市发展和人口规模相适应，即城市更新必须是缓慢持续的一个过程，是多代人的接力延续，不可能也不应该在短期内追求大规模，寄希望于几年间城市旧貌变新颜。

五、城市更新的评价标准

从客观物质实体看，城市更新的核心是效率即损毁消耗最少的物质文化财富，最大限度地实现城市发展和社会福利的提高。评价一个城市更新项目，不仅要看城市建设了什么，城市面貌改善了多少，更要看城市为此失去了多少，付出了多少，损毁了多少现有财富，即综合的经济成本、社会成本、政治成本和文化成本。

从社会内容方面看，城市更新的核心是利益公平，合理调整城市各阶层社会群体的利益，让相关的各社会群体都能分享到城市发展进步的成果。城市现代化，城市发展和城市进步的文明成果，是整个城市民众乃至全体民众努力劳动的结果，是整个社会经济技术发展的结晶，理应由广大民众分享。城市更新不应成为促进贫富分化的手段，更不应成为一部分人剥夺另一部分人，一部分人驱赶另一部分人的工具。“驱贫引富”和两极分化都是城市更新根本目标的偏离。

从社会发展现实性看，城市更新必须实现扩大就业。就业是绝大部分社会成员谋生的基本手段，是改善物质生活和促进身心健康的条件。特别是在我们国家，人口和就业的压力世界空前，一是农村分离出的人口主要向城市聚集，靠城市发展吸纳就业。二是城市人口以及城市更新分离的人口也主要靠新就业机会谋生。因此，城市更新必须与就业相联系，必须促进、扩大就业，决不能为城市更新而更新，更不能以一时的国民生产总值的增长为目的。

城市更新不仅仅是城市发展的过程反映，也是一种产品。它是城市相关利益主体相互博弈、相互努力，共同生产的一种城市产品，从物质和精神方面，它代表了一个城市的特色、文化和历史。

第二节 城市更新的特征

一、城市更新理论与城市更新实践同步推进创新

一方面，作为城市发展的一种重要形式，城市更新表现为城市发展的一种实践活动。城市更新是对于功能残缺和老化的市区进行的改造，包括棚户区的改造、城市基础设施的改善、环境的治理、城市居民生活水平的提高等方面，这一系列的活动势必要求相关主体投入大量的人力、物力、财力，制定相关规划。这些工作都是实实在在的，其进步成果是看得见，摸得着的，但其负面影响和诸多失误也是显而易见的，并对城市的发展产生实际的影响。另一方面，城市更新也表现为一种理论创新。在城市更新的过程中，产生了一系列的城市更新理论，指导城市更新实践的进展。比如，早在 1922 年，霍华德（E.Howard）的“田园城市”更新理论提出了在大城市外围建立卫星城市以疏散人口控制大城市规模，改善城市扩张矛盾的理论；芬兰建筑师沙里宁（E.Saarinen）的“有机疏散”城市更新理论，努力为西方近代衰退的大城市找出一种更新改造的方法，使城市逐步恢复合理的秩序。这些更新理论具有重要的时代意义，对当时西方的城市更新实践产生了深远影响。

二、多元参与，政府主导

城市更新是一项复杂的工程，涉及诸多相关利益主体，需要多个参与主体来完成，如城市政府、企业、市民、专业团体和民间组织都是主要的参与者，分别在城市更新中扮演着重要角色，对于城市更新过程起着至关重要的作用。其中，城市政府在诸多主体中是一强势身份地位，往往起到主导作用。政府部门的主导性表现在主导城市更新规划的制定，保证公共利益的实现，掌控更新的走向等。企业又分为开发商和承包商，它们在政府的指导下负责城市更新工作的具体实施工作；市民也是城市更新中不可忽视的力量。市民通过积极参与其中，可以影响城市更新规划的制定，一定程度上保证了城市更新规划制定的民主化、科学化。专业团体以专业化知识和专业化实践活动发挥特有的影响力，有效制约和矫正城市更新走向的偏差。民间组织以其集中度和利益与兴趣一致参与城市更新的过程，保证了社会公平性、阶层利益和社会公益。

三、模式多样化

城市更新主要有如下三种方式：（1）重建，即完全打破原有的城市结构布局、推倒原有的破旧建筑、重新进行规划、建设，比如“二战”后欧美国家对颓废住宅区进行的大规模重建。其特点是变化幅度大，最富有创意性，但也最为激进，需要大量资金，进行缓慢，受到的阻力也最大，较易引起社会的震动和矛盾冲突。（2）改善和修建，即对于比较完整的城市，剔除不适应城市发展的方面，增加新内容，弥补旧有城建缺陷，改建、完善、扩大和增添原有设施的功能，以满足不断出现的各种新需求。这种模式较重建模式变化幅度小，所需资金少，可以最大限度地缩小拆迁安置的困扰等等，实现了城市发展与地方文脉保护的完美结合。（3）保护，即对那些具有良好状态、功能健全旧城或历史地段，城市文物与名胜古迹、特色建筑等以新技术新手段采取维护措施，以延缓或停止其功能或形态的恶化。保护是城市更新中预防性的一种措施。

四、系统性

城市更新是一项复杂而又系统的工作，不仅仅包括对于城市硬件，如城市住房、基础设施的改善，还包括城市产业的调整置换、城市社会原有邻里关系的更新，涉及城市各个利益主体和城市各个行业的方方面面。城市是一个严密的社会有机体，是一个社会生态大系统。从长远看，城市更新是城市整个物质形态的进化完善，也是城市文化和历史的延续维护。所以，城市更新必然是一个庞大物质系统、庞大社会系统、特色产业体系的延展、进化和提升。

五、动态性

城市更新的动态性主要表现为城市更新在不同时期被赋予了不同的内容。城市更新是城市有机体的成长发育的过程，其动态性表现在人类社会进步，物质技术进步，经济发展，城市历史延续。但同时，城市更新又会受到人类物质技术水平、经济发展水平、人类认识水平、直接财力物力等方方面面的限制，不可能一蹴而就，毕其功于一役。一味反对拆迁，敌视城市更新是不现实的，但规模过大的城市更新更是违背城市发展规律的。

第三节 城市更新的动力

城市是社会经济发展到一定阶段的产物，它标志着社会的进步和人类文明程度的提升。但城市也有一个从产生、发展到衰败的过程，其许多方面也面临着保留与被淘汰的抉择。社会发展到今天，城市已经成为高度综合的、多功能的人类活动的有机整体，在推动国家和社会的进步中起着主导作用。也正因为城市系统的高度复杂性，城市发展远远跟不上社会发展和需求扩张的速度，当这一差距逐步扩大到一定程度时，便出现了一系列所谓的标志衰败的“城市问题”，如住房建筑物老化、交通堵塞、环境污染严重、失业率高、社会治安混乱、企业外迁、人员外流等等。当城市不能满足社会及居民的正常需求时，城市更新便成为必要。为此，必须疏通城市发展瓶颈，提升城市的竞争力，进行必不可少的城市更新。

此时，中央政府、城市政府及其部门、企业、城市居民、专业团体和民间组织，分别从不同方面、不同角度和不同要求积极推进城市更新。

一、城市政府的推动

一般意义上讲，通过城市更新，推动城市基础设施的完善、生活环境的改善、产业结构的进化、城市经济的发展、市民素质的提高、社会治安的维护等等，是城市政府基本职能的体现。因此，城市政府及其相关职能部门理应特别重视城市更新。除了考虑到其政府职能部门应履行的职责之外，为了获取更多的部门利益及在更新中做出更多的显性政绩，更是城市政府推动城市更新的最直接、最强烈的动机。近十几年中国城市更新显示：城市政府是城市更新中经济利益方面的最大受益者。

直接资金支持，城市政府在这一方面的动力是双重的。第一，在任何经济环境下，政府虽不是城市更新资金的主要来源，但也是不可忽视的主要组成部分。在市场失灵的情况下，在一些特殊的公共领域如城市历史地段建筑的维修、防护，基础设施和廉租房建设等大量公共品建设方面，需要政府提供资金支持。从政府自身来看，政府的财政支出分配是多方面的，城市更新也只是其众多开支中的一项。但城市更新所需资金的数额一般较大，政府在有限的财政金额下，也不可能为其提供充足的资金。第二，在目前中国经济环境下，城市更新又是城市政府获得巨额财政收入的源泉。城市更新中城市政府通过出售出租土地获取巨额收入，在有些城市有时甚至成为主要收入，被准确表述为城市政府的“土地财政”。

政府政策支持。公共政策是由政府制定和选择的，用以解决社会公共问题的规则和方案。在城市更新中，政府虽然不能投入足够的资金，但是可以通过政策倾向来引导其他社会力量的参与。一定程度上讲，政府的更新政策在很大程度上影响着城市更新的模式。发达市场经济国家的城市政府主要是运用税收政策、贷款政策、补助基金和奖励制度等手段来参与旧住区的更新。例如，在历史建筑的保护、维修与更新中，政府提供低息贷款，减免相关税费，由历史文化保护基金等提供资金援助；在鼓励中低收入居民开展合作建房中，政府提供廉价的土地、低息长期贷款，由住宅基金、社区发展基金等提供资金援助等。

二、开发商的投资和经营

城市更新为开发商提供了巨大的市场和商机，开发商因此趋之若鹜，其为之筹集提供资金的作用和贡献也是巨大的。当然，开发商是"经济人"，他们为城市更新提供的巨额资金并不是"免费的午餐"，其趋利性也是最根本的。中国城市更新的实践表明，开发商是城市政府之外的经济利益的最大受益者。

城市更新所需要的资金主要来源于市场。城市更新为开发商提供了市场，但开发商在获取市场的同时，也为城市更新筹集提供了大量的建设资金。因而，通过市场筹集资金进行城市更新的桥梁即是成功的开发商投资。

在政府对一些建设项目招标的情况下，开发商在保证自身盈利的前提下，积极竞标。中标后，便按照政府的总规划投入资金，并开展具体的施工建设。在进行具体的施工时，或者由投资商直接进行，获取直接利润；或者投资商把工程分包给承包商，从中获取间接的差额利润。开发商投入大量的资金，建立项目进行市场的开拓、市政配套和社会配套的相关工作，始终都脱离不了其作为企业的最终目标——追求经济效益和利润的最大化。

在城市更新中，开发商最积极的往往是拆除重建模式，这种开发行为在很大程度上加快了城市住房、基础设施等硬件的更新，使城市面貌焕然一新。但这一模式也是对历史文化遗产和城市特色破坏最严重的。这一模式是大规模的、彻底的，还势必会联系到对拆迁建筑物的赔偿问题，比如对于拆迁住房居民的补偿：是采取回迁还是外迁？补偿款是多少？等等。所以，开发商的投入主要用于两个方面的支出：其一是建设成本，包括材料、人力等方面的支出；其二是补偿支出，主要是对于拆迁户的补偿。

三、城市居民、专业团体和民间组织的积极参与

作为与城市联系最为密切的一个群体，也是利益最容易受到侵害的群体，城市居民是城市更新中不可忽视的参与者，也在不同程度上推动了城市更新。随着市民主体意识的增强，当城市出现结构失衡、功能老化或不能满足其要求时，市民便通过各种途径、方式，积极要求进行更新，或者参与到城市更新中影响规划的制定，以期朝着有利于自身的方向发展。除极个别的激烈暴力冲突以外，主要表现为以下几种正常方式：

1. 出席听证会

随着社会的进步，民主程度的提高，政府在城市更新规划的酝酿阶段都会举行公开的市民听证会。有些国家的政府机关在正式的政策出台之前，还会在有关的政府公报或

新闻媒介上将拟议中的政策公之于众，征求市民的意见。因此，市民可以利用这一机会，展开与政府官员的直接对话，表达对于规划的意见、要求，影响相关政策、规划的制定，使城市更新朝着有利于自身的方向去发展。

2. 借助新闻媒体的力量向有关政府部门施压

当今社会，新闻媒介对于人们的影响无处不在，无时不有，报纸、广播、电视等都在以各种方式影响着人们的日常生活。在现代西方社会，新闻媒介对于政治生活的影响更大，尤其是在政治生活领域，其成为传统“三权”之外的“第四种权力”。当一个城市的结构、功能老化到不能满足正常需求时，市民都可以借助媒体的力量，来表达对于城市更新的要求及对政府部门的期望。一般在新闻报道曝光以后，有关政府部门都会考虑市民的要求，并采取积极对策。

3. 游行、示威活动

市民的要求和利益通过其他方式不能得到满足时，还有最后的办法，就是游行、示威、黑工、静坐之类的所谓的非暴力不合作方式。一些西方资本主义国家，如美国、英国等，很多市民都成功地运用这种方式来实现了自己的目的，维护了自身的利益。

另外，民意调查、社区讨论会等也是西欧各国公众参与城市更新的主要方式，“街区俱乐部”“反投机委员会”“街区互助会议”等城市居民组织亦蜂拥而起。通过居民协商，努力维护邻里和原有的生活方式，并利用法律同政府和房地产商进行谈判。由社区内部自发产生的“自愿式更新”——“自下而上”的小规模的以改善环境、创造就业机会、促进邻里和睦为目标的“社区规划”，以及法国城市计划中市民群体“协商”原则——由政府官员与城市各行业代表及社会各界代表进行充分协商、对话，共同完成城市计划的编制工作，便是公众参与的极好典型。

市民正是通过上述几种直接的、间接的方式来向有关政府部门表达自己的利益要求，在自身的归属感、认同感得以提升的同时，使城市更新规划朝着科学的方向去制定，促进了城市内部各种资源的合理整合及有效利用。在这一过程中，不仅市民的自身利益得以满足，还有助于实现真正意义上的城市更新与城市文明的进步与发展。市民是与城市接触最为密切的一个群体，无论是生活还是工作，时时刻刻都在与城市发生着联系。因此，对于城市中存在的问题感受最深，对于城市更新的要求也最为迫切。现实中，市民无非是为了更好地生存、生活、发展环境，而积极要求并支持城市更新的。

第三章　城市更新与城市发展

第一节 城市更新与旧城保护

城市更新的核心内容是旧城的更新改造，而各个城市的旧城都有一个相当长的历史发展过程，旧城的规模、形态与结构是逐渐发展而来的，对旧城进行更新改造必须充分考虑其现状条件和历史文化传统，应与新城的开辟结合起来，即要贯彻城市整体更新的思路，才能制定出相应的科学的更新规划。

一、城市更新中旧城保护是一大难题

城市的旧城历史地段，兼有保护和更新的双重要求，中国城市的旧城，不像欧美发达国家城市那样，出现衰落的现象，这些旧城，一直是全城的中心，即使在新城区发展很快的情况下，也还是商业繁荣，人口集中的地方。因此，在房地产业兴起的今天，旧城区就成为房地产商热衷之地，许多城市就从地价的级差效应出发，要把原来旧城中的居住和其他功能转换成商贸、办公、娱乐功能，而使低地价转化为高地价，低效益变成高效益。表面上是改善旧城的环境，而实际上改建后旧城区的建筑容量大大增加了，人口也增多了，交通也更加繁忙了，基础设施不堪重负，结果又一次面临新的调整与改建。

作为历史城中的特色地段——文物景点和历史街区，一般也会在旧城的中心地带，是人们汇聚之地，级差地租客观地导致商贸等第三产业向这个地区集中。但是由于历史名城的保护要求，一定会提出对这个地区以及其周围环境的种种建设限制，这样就会降低土地收益，对开发不利。

在历史名城中，大多保留有成片的传统民居的地区，其中有较高历史文化价值的传统民居，一般都划为保护区，并得到较好的保护。但是如何既能长期地保护它传统的风貌，又能继续为居民使用，这是一个难题。因为中国广大地区的民居，大多为砖木结构房屋。至今大多已木朽墙危，多数居民因长期居住条件简陋，渴求改善，传统生活环境不符合青年人的要求，而向往现代化的设施和环境。而且在旧城地区，一般都缺少现代的基础设施。要改善居住环境，解决居民的居住问题，需要资金和技术的巨大投入。作

为房地产开发，因为由于的原因，获利不多，又担心售后的风险，一般是不肯承担的。政府也不可能拿得出足够的资金，居民的自己改造则大多不愿保留传统形式，这就需要研究一整套合宜的对策。

更新过程中对名城保护的忽视和误导旧城更新，就有一个对“旧城”的认识问题，许多人认为“旧城”就是过去岁月留下的破烂摊子，是城市发展的严重包袱，要更新，就要“破旧立新”，就要“快刀斩乱麻”，放开手脚干，所以就常常是大面积地拆迁旧房，将旧城区的老宅旧屋全部拆光，然后在平地上盖新的楼房。这样做，工作简单、工程上马快，规划设计也容易做。但这样一来把城市原来的社会结构、文化遗存、城市风貌以及地方风情，全都一扫而光，也就是把城市的历史文脉全部割断了。在有的城市中，旧城用地成为个别外商和开发商追求高额利润的竞争地，因此，有的人就不择手段地造成许多破坏性建设，造成许多遗迹工程。有几个城市，在旧城区内虽然早已制定建筑高度限制的规定，但就是屡禁不止，一幢幢的不符合城市规划规定的高楼不断冒出来，在许多旧城地区，那些真正的危屋简屋棚户地段，那些居住环境最差的密集的居住区，由于人口多，用地少，拆迁费用大，因而引不起开发商的兴趣，迟迟得不到改造和拆迁；而那些居住密度稍低的，相对质量较好的传统院落，居住人口较少的地段，常很快被拆迁了，因为拆迁费少，建房率高而被开发商作为赚大钱的对象。于是挤掉了绿地、公共活动场地，一些旧城区中原有的中学、小学，文化单位也被挤掉了。

有的名城大量地拆除了反映城市特色的传统建筑，在短时间内改变了城市的历史风貌，如沈阳市素有“一朝发祥地，两代帝王城”之称，如今原来围绕在清故宫周围的传统民居全被拆掉了，“故宫”藏身于混凝土高房子的丛林之中。此外沈阳的和平区是代表了殖民时期的历史风貌、很有特色的也被拆除换成了行列式的方盒子，老百姓因此说历史“名城”名存实亡。最近做了整治，准备拆去了这些新房子，付出了惨重的代价。

有的名城在旧城更新中保留了文物建筑，但忽视了文物周围的历史性环境。如福州市计划在“三坊七巷”搞全面的房地产发展，政府有关部门还认为是个好方案，在全国媒体和中央的干涉下，才暂时停了下来。

城市要更新，城市不更新就会衰落，但城市更新不能摒弃历史，而是在历史基础上发展，从旧环境中滋生新的东西，而不是生硬地照搬异地外域的不相干的东西。特别是大城市影响面广，牵涉问题多，这些城市代表着我们国家或一个地区，更要慎重地对待，不注意的话，留下的遗是无法弥补的。

旧城保护中存在的错误观点，主要有三点：①许多人把城市遗产保护看作是城市发展的障碍，把保护与发展看作是一对不可调和的矛盾，在历史古城中建设性破坏是必然的，看不到历史遗产潜在的价值。把传统特色看作是落后的和现代化不相容；②许多人理解保护古城就是恢复历史遗迹，重建古建，热衷于修庙盖塔，新建传统特色街，以致拆了真古董去建假古董；③保护古城只是为了发展旅游需要，一味追求经济回报，以致出现许多短期行为。

二、对旧城历史文化遗产保护的原则

对于历史文化遗产保护应遵守以下原则：

1. 原真性

要保护历史文化遗存原先的本来的真实的历史原物，要保护它所遗存的全部历史信息，整治要坚持“整旧如故，以存其真”的原则，维修是使其“延年益寿”而不是“返老还童”。修补要用原材料，原工艺、原式原样以求还原其历史本来面目。

2. 整体性

一个历史文化遗存是与其环境一同存在的，保护不仅是保护其本身，还要保护其周围的环境，特别对于城市、街区、地段、景区、景点，要保护其整体的环境。这样才能体现出历史的风貌，整体性还包含其文化内涵，形成的要素，如街区就应包括居民的生活活动及与此相关的所有环境对象。

3. 可读性

是历史遗物就会留下历史的印痕，我们可以直接读取它的“历史年轮”，可读性就是在历史遗存上应该读得出它的历史，就是要承认不同时期留下的痕迹，不要按现代人的想法去抹杀它，大片拆迁和大片重建就是不符合可读性的原则。

4. 可持续性

保护历史遗存是长期的事业，不是今天保了明天不保，一旦认识到，被确定了就应该一直保下去，不能急于求成，我们这一代不行下一代再做，要一朝一夕恢复几百年的原貌必然是做表面文章，要加强教育使保护事业持之以恒。对于历史建筑历史街区，不能像文物器件那样博物馆式保存，人要生活下去，就有生活现代化和历史环境的协调，这也是历史遗存可持续发展的问题。保护古城不仅是为了保存珍贵的历史遗存，重要的是留下城市的历史传统、建筑的精华，保护这些历史文化的载体，从中可以滋养出新的有中国特色建筑和城市来。

第二节　城市更新与土地置换

一、土地置换与城市更新的关系

土地置换是一项复杂的系统工程，实际到城市社会学、城市经济学、城市地理学等学科的众多理论和观点。土地置换的含义是指通过土地用途更新、土地结构转换、土地布局调整、土地产权重组等措施，实现土地现有功能和潜在功能的再开发，从而优化用地配置。城市用地总是在市场竞争中不断向配置效益更高的使用功能转换，从而使城市用地动态的配置、转换、再配置，即在置换过程中获取城市更大的效益。城市更新也称旧城改造、旧城改建，是一种将城市中已经不适应现代化城市生活的地区做必要的、有计划的改建活动。其目标是针对解决城市中影响甚至阻碍城市发展的各方面的城市问题。

在欧美各国，城市更新起源于“二战”后对不良住宅的改造，随后扩展至对城市其他功能地区的改造，并且将其重点落在城市中土地使用功能需要转换的地区。这些地区往往是由于自然和人为的各种原因而产生的不适应城市新的发展要求的，环境恶劣的地区。这些生活环境不良的地区不但影响居民生活，也损坏了城市形象，导致了城市或城市某些区域活力的下降。一方面这些地区和物业不能实现其应有的价值；另一方面，随着城市的发展，城市原有的某些功能在现在看来已经处于不恰当的空间位置，而影响到其周边的环境，破坏了城市整体形象的完整性和城市功能在空间上的延续性，阻碍了城市警醒合理的发展布局。

而土地置换就是在城市更新这一过程出现的一种土地优化配置改良措施。目前，许多城市在改造和更新过程中进行的“退二进三”“腾笼置业”等规划就是典型的土地置换行为，他们顺应产业结构调整的要求，依据城市土地价值规律，将地处黄金地段、效益差的、对居民和环境影响大的工业企业逐步迁出，用来发展第三产业以及公益性用地，促使城市用地结构发生变化，进而引导其功能分区的更替。土地置换促使有限的城市用地能够适应城市发展的新需求，创造出更大的经济、社会及环境效益，在城市更新过程中以及可持续发展的人居环境建设中发挥着重要作用。

二、土地置换在城市更新中的重要作用

土地置换在城市更新尤其是城市空间结构的优化、物质环境的改良，以及城市整体形象的改善中发挥着重要作用。

1. 土地置换是城市更新过程中城市土地资源集约高效利用的重要途径

城市土地是城市生存发展的物质前提，使城市社会、经济运行的物质载体。随着中国城市化进程的加快，城市社会经济的快速发展对城市土地提出了巨大的需求。城市的发展往往突破城市规划的限制，无限膨胀。中国的国情是人多地少，优质耕地尤其短缺，而中国城市起源于农业，占据着土地质量良好的平原和河谷，这就造成了城市发展用地与保护耕地之间的巨大矛盾。

而解决这一矛盾的关键就是要有效控制城市的用地规模和盲目的外延扩张。从中外城市发展以及规划立法、技术和操作的情况来看，要限制城市用地的规模，必须走城市土地集约化利用的道路，以城市内部环境为基础进行城市更新改造。土地置换是实现这

种发展路子的重要手段。中国城市脱胎于计划经济体制，在计划经济模式和以行政划拨为手段进行土地分配的情况下，城市土地缺乏按规划利用的内在约束性，城市土地利用结构不合理、空间布局混乱和土地使用效率低下，这些问题的存在为城市更新改造和土地结构的调整、城市土地集约化利用创造了空间。

集约利用土地的关键在于进行城市土地优化配置，充分挖掘城市土地的潜在效益，以求得城市土地资源的最优配置和最佳使用，形成一个土地利用布局适当，土地使用结构合理、土地利用效率和综合效益最高的城市土地利用模式。这就要求转换土地使用功能，调整土地利用结构，将利用地和综合效益差的土地置换出来，重新配置。因此，土地置换是调整产业结构和土地利用结构，实现城市土地集约利用的重要途径。

国内诸多城市早在 20 世纪 90 年代就已经开展城市土地置换的探讨和实践工作，如北京的“退二进三”“退四进二”，如上海、杭州已经开始了“城市空间置换”，济南的“腾笼换业”，曲阜等城市的“出让旧城开发权”等，目前已经取得了理想的效果，达到了集约利用城市土地的目的。

2. 土地置换促进了城市功能和空间结构的更新

土地置换主要是围绕城市功能更新及重组进行的，在市场经济体制下，以土地经济原理为依据，将旧城的原有产业结构进行调整，使某些功能向郊区、城市边缘区和次级中心城市扩散（比如制造业、传统的服务业），而另外一些功能部门（如金融、信息、保险等）则不断向城市中心集聚，从而使得有发展潜力适应城市新的发展要求的行业取代传统的不适应城市发展要求的行业，其结果是城市中心渐趋“软化”，不断向服务性功能转变。产业结构的调整导致城市土地利用模式、空间结构随之发生相应的变化。城市土地效益在置换中得以重新被发现，城市空间结构得以重组。这些变化适应当前城市发展的规律，有利于城市健康可持续地发展。

由此可见，土地置换更新了城市“肌体组织”，为城市可持续发展提供了动力和物质基础。

3. 城市土地置换开发可为城市更新提供资本支持

土地是一种生产要素，土地资源的有限性决定了土地具有经济价值。由于城市土地的置换开发会导致其用途、交通条件、商业繁华程度、基础设施条件、环境质量、资本集约程度等发生不同程度的变化，因此就会带来一定的土地置换开发收益。利用城市资源，盘活城市基础设施，运用市场经济规律实现市场化运作，走资产经营的路子，加速城市基础设施由实物形态向价值形态的转变，实现资产，资金的循环利用，回收资金用于城市建设。从某种意义上讲，土地既是一种资源，也是一种商品，通过收取土地出让金、土地使用费及环境收益金加收资金，就是土地资产价值属性的集中体现。它既是对以前投资的回收，也是今后进行土地再开发和市政公用设施再投入的资金来源。政府利用市场配置土地资源，最大限度地获得土地收益，增加财政收入，就能更多地将土地收益投入于城市建设和更新改造中。

4. 土地置换在调控土地市场，为城市发展预留空间中发挥作用

土地置换目的之一是土地储备。土地储备是政府高效控制城市土地开发利用的一种常用手段，自1996年上海土地发展中心成立至今的短短几年内，这一制度在全国许多城市得到了广泛推行。城市建设用地储备是指城市政府依照法律程序、运用市场机制、按照土地利用总体规划和城市规划的要求，对通过收回、收购、置换、征用等方式取得的土地进行前期开发、整理，并予储存，以供应和调控城市各类建设用地的需求。它是确保政府切实垄断土地一级市场的一种管理制度，其本质应是一种以公共目的为导向的城市土地资源配置和资产运营手段。

城市更新过程中将部分置换出来的土地作为城市的储备用地，能够起到调控城市土地供求市场、优化配置资源和降低开发成本，进而达到经营城市、促进城市协调发展的自的，如促进城乡土地资源的统一管理、促进市场规范、促进计划供地和节约用地、促进经营城市及防止资产流失等功能。

5. 土地置换改善了城市环境质量

城市环境质量是提高城市持续发展的重要内容和目标，也是城市更新的重要目的之一。目前，中国大多数城市面临着合理调整工业布局、改善城市居住环境的难题。土地置换的目标之一就是改善环境，以洁净的产业代替污染的产业，以清洁、优美、舒适、功能健全的空间环境代替污染、烦闷、功能衰弱的空间环境，从而为城市持续发展提供良好的环境支持，以达到其社会、经济、环境三者的最优效益。

三、城市更新中土地置换的问题与原则

目前，旧城改造的问题一方面对于调整城市产业结构，置换城市功能与空间，改善城市面貌，综合利用城市土地，加速城市基础设施更新改造等方面具有重要的作用；另一方面，旧城改造的大潮中，问题频出，土地置换也往往带有盲目性、随意性、短视性、简单性。

1. 城市更新中土地置换存在的问题

①城市规划滞后，土地置换缺乏科学依据，带有盲目性

目前，伴随着城市化进程的加快，许多城市的城市规划严重滞后于城市更新的速度，导致了城市更新难以在规划的统一指导下进行。土地置换工作缺乏科学的规划为指导，往往带有很大的盲目性和随意性，往往是急需改造的地段得不到改造。相反的是状况良好、置换难度小的土地优先置换，城市面貌难以从根本上得到改观。

②以经济利益为先，置换过程中存在短视性

在市场经济下，城市建设和改造过程中往往会出现一切以经济利益为先的急功近利的短视行为。一方面城市政府急功近利，迫不及待地将城市土地推向市场，而对土地供

应的数量、用途、地价控制等缺乏完整的计划，开发商要什么地段就给什么地段，想做什么就做什么。而开发商总是趋向于选择收益高的用途进行置换，造成公共设施、道路、广场、绿地等非营利性用地在置换中得不到保障而被蚕食。另一方面，在片面追求土地的经济效益、过分追求回报率、置换后的城市土地还存在超强度开发现象，如有的城市旧城改造中居住小区容积率高达 3 以上，而公共活动场地、绿地等严重不足。这种急功近利、追求单一的土地经济效益而忽视社会和环境效益，以超强度开发，蚕食公共设施用地、道路广场、绿地等为代价的土地置换，导致了城市环境质量的恶化和基础设施的超负荷运转，破坏了城市的整体机能。

③土地置换没有考虑城市更新的特殊要求，存在置换的简单性.

城市更新要求遵循城市发展的一般规律,保护城市历史文脉和优化城市的空间格局。在城市更新的土地置换过程中，如果不考虑这些城市发展的脉络，使用简单、粗糙的土地置换模式，就对城市造成难以估量的损失。

2. 城市更新中土地置换应遵循的原则

城市更新中土地置换要遵循科学合理的置换原则和规律。

①土地置换在城市规划的引导和调控下进行

土地置换要以城市规划为主要依据，土地置换安排要符合城市规划的要求。否则如果规划不能发挥有效作用，对土地置换后的用地性质和开发强度缺乏相应的规划调控，就会造成盲目置换，不仅不能够发挥城市土地置换的积极作用，而且给城市建设带来新的困难。

②土地置换要以公共利益为先，要有公众的参与

在旧城更新的过程中，土地的置换方向总是趋向与收益高的功能用途，从而造成一些非营利性的公共用地在置换中处于不利地位。并且开发商在进行开发活动的时候，也总是从积极利益出发，而忽视对社会、环境效益的影响。政府有时为追求短期的利益对此采取默认或放纵的态度。这一些都会对城市整体环境造成破坏，因此在改造过程中有必要将公共利益作为优先考虑的因素，并且建立公众参与的监督机制，以维护城市发展的长远利益。

③土地置换要遵循城市更新的规律，遵循城市发展的脉络

城市更新中的土地置换不是新城的土地开发，是在原有城市土地基础之上的改造和整治。在置换中要考虑城市更新中的困难，充分利用资源，杜绝无效置换。

四、城市更新中土地置换的几种思路

城市土地利用置换的目标是使城市土地的空间组织有序高效，城市土地价值良性循环，以达到城市土地利用的社会、经济、环境效益的理想状态。在城市更新过程中城市

土地置换有别于城市扩张过程的土地置换，这与城市更新的特点紧密相关。针对城市更新的特点、要求以及土地置换易出现的问题，笔者认为城市更新中的城市土地置换要有新思路。

1. 加强城市规划的指导和调控作用

在目前市场体系尚不完善的情况下，受利益驱动而进行的城市土地置换极易走入误区，如对经济利益的过度追求往往造成对社会和环境利益的损害，不利于保障公益事业的建设，甚至存在盲目置换、背离规划等现象。为此，必须强化作为宏观调控手段的城市土地规划的作用。一方面，需要制定完整的城市土地规划，正确调控土地置换；另一方面，必须增强规划的灵活性和适应性，更好地引导城市土地置换。制定完整的城市土地规划为了适应市场经济条件下对城市土地置换的控制要求，必须建立一套科学有效的城市土地置换规划体系，使城市规划由对市场的被动适应走向主动的干预和调节，正确指导城市土地置换。

2. 充分发挥市场机制，实现城市土地市场化运营

城市土地的优化配置和置换开发必须依赖市场机制，只有通过市场机制，使用者才能找到合适的土地，土地才能被配置给恰当的使用者。首先由政府进行土地征购形成置换用地并向市场出让使用权。其次，开放搞活土地使用权转让市场，实现城市土地的市场化运营。最后，完善金融和服务市场，以保证土地置换的顺利进行。

3. 加强土地置换的灵活性与适应性

在市场经济条件下的城市土地置换存在很多不确定性因素，因此，有必要加强规划的灵活性与适应性，更好地引导城市土地置换。

4. 改变传统用地定性模式，对地块用地性质做出兼容性规定

即在不影响城市整体结构和功能布局的前提下，对某些地块的使用性质做出灵活性规定，增加土地置换中地块性质的选择性，为土地置换者根据市场需要确定地块用途提供选择机会。这既是土地价值规律的客观要求，又能真正体现用地置换者的利益与意愿。

5. 定量控制指标的适当变更

为了加强置换规划的弹性，充分发挥土地使用效率，在某些情况下，可以允许某些置换地块定量控制指标（如容积率等）的适当变更，并规定变化范围。

6. 引导公益项目的置换

为保证城市基础设施、道路广场、绿地等公益事业用地在置换中不被蚕食，应规定相应的灵活措施，如规划、奖励等，引导置换者投资建设公益事业，以便正确合理地进行城市土地置换与开发。

7. 土地置换结合城市更新，进行竖向置换和平面置换

在城市更新的土地置换过程中，应结合城市空间的发展规划，采取竖向置换和平面置换相结合的方式进行，因地制宜进行城市更新改造工作。所谓竖向置换就是土地利用

的垂直化发展，在旧城区发展多层或高层建筑，降低建筑密度，以增加空地用于城市环境的改善。所谓平面置换就是将土地使用功能在空间平面上的转换，如外迁工业区用以发展第三产业。在历史保护地段，保留原有的建筑形式制作功能上的转变，也有人称这种置换方式为“旧瓶装新酒”等。

第三节 城市更新与生态环境

一、城市更新对城市生态环境的影响

城市更新，尤其旧城改造过程，各个物质元素在空间场所、数量、质量等方面发生了很大的变化。如旧城中由于经济功能、产业结构的演进，其经济生产结果与以往截然不同，并带来和引发了交通网络、人口分布、信息利用等各个方面的变化。总之，原有城市中的生态系统在物质生产、物质循环、能量流动、信息传递方面都有了新的形式和特点，并对原有城市生态环境质量产生了一系列影响，主要体现在以下三个方面：

1. 自然环境质量

自然环境质量是指一定空间区域内的各类自然环境介质（包括气、水、土和生物要素）素质的优劣程度。优、劣是质的概念，程度，则是量的表征。具体说，自然环境质量是指在一个具体的环境内，环境的总体对人类的生存和繁衍及社会经济发展的适宜程度。自然环境质量的变化和变迁是城市更新最明显的作用和效应。从理论上说，城市更新应针对导致旧城自然环境质量低，提高绿地比重等，以提高旧城区整体的自然环境质量。然而中国不少城市更新和改造的结果却并非如此。有关资料表明，中国不少城市在城市更新中由于片面追求经济效益，追求过高过密的开发强度，不仅给交通、基础设施带来压力，而且还侵蚀了必要的开阔空间和绿地，并给日照、通风、防火、抗震和防灾带来隐患，使整体环境质量下降。环境质量的改善和提高是建立在有形的物质基础之上的，当在城市更新过程中破坏了环境质量提高所必需的物质条件，降低建筑容量、降低人口密度、提高绿地指标等后，旧城环境质量的下降就不可避免了。总结城市更新的经验，过高过密的开发强度是导致旧城生态环境质量下降的主要原因之一。

2. 生态景观质量

广义的城市生态环境质量还应包括生态景观质量。城市更新是一项人工性、物质性很强的过程。在这一过程中，对旧城景观的结构，机能及场所都产生了程度不等的影响。所谓景观的结构是指物质景观要素的物理特征（数量、比例、多样性、稳定性和视觉特征等）及分布状况。机能是指景观要素通过相互之间关系所发挥的作用。场所是景观要

素存在与发挥作用的基质。城市更新过程中，由于人们的拆旧、建新活动，破坏了原有的景观要素的结构，并因此使景观的机能和其所作用的场所发生变化，并最终引致景观质量的变化。其中改造的观念（指导思想）、速度、规模、标准及规划设计等因素的作用，是造成景观质量变化的主要原因。在许多情况下，城市更新的景观效应并不都是向好的方面转化，而是因各种主客观因素的作用，朝正反两个方向发展的可能性。

虽然城市更新的规划设计水平也一定程度上影响了景观质量，然而与建设改造观念、改造标准、改造规模、改造速度等因素比较起来，规划设计水平毕竟是一个次要的因素。因为，巧妇难为无米之炊，在包括改造观念、改造标准等方面缺乏科学性、合理性的情况下，规划设计对旧城景观质量所起的正向作用是有限的。

3. 文化环境质量

保持和塑造城市特色是当前城市规划界关注的热点之一，也是评价城市规划和城市建设基本的准绳之一。城市特色既要由城市的自然背景因素及自然环境因素来反映，更重要的是要由城市文化内涵即文化环境质量来体现。提高城市更新中的文化环境质量由两方面来保证：其一是要在城市更新中保护城市的历史文化环境（包括地方风格和传统特色，城市的历史文化环境是城市的宝贵财富，保护历史文化环境不仅可以大力弘扬民族文化，体现城市发展的延续性，而且也具有潜在的经济价值，即由于其反映了城市的特色，提高了城市的知名度，从而促进了旅游事业和第三产业的发展。保护旧城的历史文化环境质量要有整体的思考，在许多情况下，旧城的历史文化环境具有无价（不可恢复）的特点。如据有关资料报道，沈阳市在旧城改建中拆除了明代方城内大部分建筑，使清太祖努尔哈赤的宫殿藏身于现代的混凝土建筑丛林中，失去了“一朝发祥地，两代帝王城”的风貌。其二是保护旧城的社会环境的延续性和完整性，城市更新过程中，推倒重来的建设行为导致了旧城原有社会功能的变迁和社会人文环境的异化，有些城市的旧城（特别是大城市中心区）的功能过多地安排商业、金融、娱乐、办公写字楼，而将居住和其他功能统统挤出旧城市中心，使整个中心区成为一个大商城。这既造成了钟摆式交通，与国际上发达国家提倡中心区土地的多种使用途径，强调发挥旧城中心区综合功能和城市整体活力的趋势不相符合。同时也破坏了原已形成的社会群体和社会网络，不利于完善城市的社区结构，也一定程度上不利于社会稳定。

二、城市更新与城市生态建设的关系

1. 城市更新与城市生态建设具有相同的目标

一般而言，城市更新的目标包括：满足城市经济结构和产业结构调整；迅速发展第三产业的需要，改善投资环境吸引外资；改善城市面貌；提高市民生活质量等。然而从深层次来看，城市更新的目标应为提高城市整体机能和实力及吸引力，提高城市现代化水平。城市更新虽然在建设范围上具有局部性，但其影响范围却具有全局性意义。

城市生态建设是按照生态学原理，以空间的合理利用为目标，以建立科学的城市人工化环境措施去协调人与人、人与环境的关系，协调城市内部结构与外部环境关系，使人类在空间的利用方式、程度、结构、功能等方面与自然生态系统相适应，为城市人类创造一个安全、清洁、美丽、舒适的工作、居住环境。城市生态建设是在对城市环境质量变异规律的深化认识的基础上，有计划、有系统、有组织地安排城市人类今后相当长的一段时间内活动的强度。广度和深度的行为，城市生态建设的基点是合理利用环境容量（环境承载力）。目前，城市生态建设已成为提高城市环境质量水平提高城市的可持续发展水平及提高城市现代化水平的最基本途径之一。

由此可见，城市更新与城市生态建设在目的性方面具有高度的一致性，不应将两者对立起来。城市更新必须考虑城市生态建设，生态建设、生态环境质量的改善应是城市更新的一个重要组成部分。因为不考虑生态环境质量的城市更新，只会出现过高的建筑密度侵蚀了学校、绿地、运动场、开阔地，日照、防火、通风、防灾多有隐患及整体环境质量和效益降低的结果。这是与城市生态建设原则相违背，也是背离于城市更新的根本目的，因而不是真正意义上的城市更新。

2. 城市更新是推进城市生态建设的一个重要契机

城市更新过程中，城市的各种物质和非物质的元素发生不同程度的变化和位移。如人口的迁入与迁出，建筑的拆迁与新建，财物的投入与滞留，生态因素的新增和破坏，所有这些既是城市更新的实质内容，也是城市生存环境重组。达到一个新的平衡与新的状态的过程，因而也是实施城市生态建设的一个契机。认识到这一点，并在城市更新过程中有意识地把握这一契机，就能在城市更新的指导观念、改造方法、改造策略、改造规模、改造速度、改造范围、改造标准、改造规划设计等方面加以体现，从而出现高层次的旧城改造作品。

具体而言，城市更新指导观念不但要考虑经济因素，还要考虑生态环境质量因素。城市更新方法不能局限于建筑设计、景观设计等狭隘范围内，还必须增加和应用生态规划方法。城市更新策略要考虑以生态学作为指导，城市更新的强度要以旧城的生态系统环境容量（生态环境承载力）作为校核和限制因素，城市更新的建设标准必须以保证能在原基础上提高城市生态环境质量作为准绳，城市更新规划设计除了树立一般意义上的经济观念外，还要坚持广义上的环境经济学概念，并要有生态环境设计人员加入到城市更新规划设计队伍中去，所有这些，都是利用城市更新契机推动城市生态建设与城市现代化水平的重要举措。

三、城市更新中改善城市生态的几个措施

1. 选择恰当的改造方式

选择何种城市更新方式将很大程度地影响旧城改造的效果和旧城生态环境质量。国外发达国家在第二次世界大战后，推倒重建，在很长一段时间内被认为是进行城市更新最行之有效的方法。但现今这一做法已受到越来越多的怀疑和越来越强烈的反对，人们已清楚地认识到，推倒重建是一种代价昂贵的改建方式，是一种难以满足居民急需和破坏地方性社群以及那些赋予邻里特色的历史遗产和自然景色的改建方式。城市更新方式应与原有城市发展轨迹相适应，应与城市发展阶段相适应，要选择最适合原有城市可持续发展及其原有城市生态系统自我完善的改建和改造方式。从这个意义上说，城市更新绝非仅仅只有拆旧建新一种方式，实际上它是包含着保护、修复、改造、更新、新建等多种方式和手段的综合性过程，简单的推倒重建只能带来长远发展的遗憾。

2. 提高旧城自然环境质量与制定旧城环境质量标准

人是城市的中心，人的生活和生产需要一定的环境保障。随着时代的前进，人类对其所处环境的质量的要求越来越高，优良的环境已成为城市生态系统存在和持续发展的基础和保障。致力于提高环境质量的生态建设对城市（包括旧城）社会经济的发展起着不可低估的作用。提高旧城区的生态环境质量除了端正指导思想、制定行政法规等方面外，还必须有一系列的物质保证措施：降低建筑容量，降低建筑容积率，降低人口密度，提高绿地指标等。此外，最重要的是制定旧区环境质量标准，使之成为旧城改造评价标准体系中的一部分。并在旧城改造改造的全过程中，使每一项改造行为都符合环境质量标准，真正使更新改造后的旧区呈现出其应有的城市精华区的面貌。

3. 土地利用符合生态法则

城市更新的土地利用类型、利用强度要与旧城及周边环境条件相适应并符合生态法则。土地利用的生态法则包括土地利用的多样性和土地利用强度的有限性，原有城市的土地利用类型不能单纯以金融、商贸用地等为主，必须考虑绿地、旷地、市政设施、道路等多种土地类型，这是提高原有城市地区生态环境质量的基础性条件之一，也能有效地避免因土地利用过于单一而带来市政设施不堪重负、景观多样性和丰富性下降及社会功能不完善等问题的发生。原有城市的土地利用强度虽然因级差地租的影响可以高于其他地区，但却必须具有一定的限度。这一限度即是要保证原有城市改造后的生态环境质量要高于改造前的，并符合国家环境质量标准。具体说即城市更新后土地利用强度不应给城市交通、市政设施带来新的压力，不应因过高的建筑容量（容积率）和建筑密度侵蚀开阔空间及绿地，不应有日照、通风、防灾等隐患。

4. 城市更新后其城市人工化环境结构内部比例必须协调

人工化环境结构内部比例协调指原有城市内各种人工要素（建筑、道路、市政设施

等）必须在数量、质量、需求、供应、消耗、循环等方面达到高于改造前期的协调状态。中国一些城市旧城改造后建筑容量大为提高，引发了人口、交通流量的增加，市政供应的严重超负荷，甚至出现了比改造前更为紧张的状态。这正是城市更新人工化环境结构内部比例失调的表现。

5. 城市更新必须致力于城市整体发展的协调

旧城在空间地域上看是城市连续体的一个组成部分，从城市发展全过程看，城市更新则是城市发展在特定地域的一种特殊表现形式。因此，城市更新是与城市整体发展是不可分离的。我们既要充分认识城市更新对城市整体发展所起的特殊作用，通过城市更新促进整个城市在产业结构、用地结构等方面的完善，发挥其对城市功能等方面的促进作用，又要将城市更新置于城市整体发展的过程之中，将城市更新规划置于城市总体规划的范畴之内，这样才能控制城市更新的规模和速度。城市更新与新区开发的关系等问题上取得高层次的统一，从而有利于城市整体的发展。由这一观点出发，可以发现中国有些城市存在的在总体规划或总体调整修编规划中较少考虑或回避旧城改造规划的情况，将对城市整体发展带来较大的负面影响。

目前，中国的城市更新中对经济方面考虑得较多，而对社会及生态环境方面考虑得很少或根本未考虑。这实际上违背了城市更新的根本目标。城市更新除了在经济因素方面要对旧城及城市的经济发展起促进作用，而且还必须在社会因素（历史文化传统的延续发扬、社区人文结构的维持与完善）与生态因素（人们生存环境质量的提高）等方面起积极作用。城市更新过程中的各项建设行为强度必须在一定的社会环境承载力允许的范围内进行，以有利于旧城及城市的经济、社会、生态的可持续性发展，只有这样，城市更新才能取得真正意义上的成功，才能使原有城市获得可持续发展的机会。

第四节 城市更新与房地产开发

一、旧城改造的动力在房地产开发

旧城改造的资金来源于市场。旧城改造为房地产开发提供了土地，但房地产开发为旧城改造提供资金的作用和贡献是巨大的。当然，这些资金都不是“免费的午餐”，其趋利性是根本的，因而，成功通过市场筹集资金进行旧城改造的桥梁即是成功的房地产开发。

房地产项目的市场开拓改变社区结构。房地产发展商的市场开发往往超越社区原有区位、功能的束缚，对社区的人口、产业等结构进行了全新的塑造，对于区域经济发展的贡献超过了房产一次性销售带来的效应。

房地产开发承担了市政配套和社会配套的责任。旧城区普遍市政基础设施条件较差，教育、商业等社会配套的条件也不好，因而在旧城改造项目中这些都转化为发展商的成本——这些成本比新区项目要高多了——这也就造成了旧城项目成本往往居高不下的一个主要原因。

破坏性改造与“搭车式”开发均不可取。为了尽快完成旧城改造的任务，政府和发展商都可能采取功利的做法，试图降低成本。例如加大容积率等方法，对景观、保护区等城市保护项目带来破坏。另外，不少方面认为发展商利润很高，用搭车的方法加大房地产商的成本，导致房地产项目出现失败的可能性加大。

二、房地产开发与旧城改造共赢

为房地产开发的成功创造充分的条件。从体谅和理解房地产商市场运作的难度出发，高标准进行区域改造规划，适当降低房地产商在市政建设等方面的负担，都为房地产项目创造了一个较合理的门槛和底线。

优秀的房地产商可以创造市场成功。发展商不能单纯向政府要求优惠条件，因为很多时候土地的优惠条件并不决定项目的成功，优秀的房地产商必须通过自己的努力赢得市场成功。

坚持市场细分和土地细分挖掘土地价值。由于旧城土地面积小、成本高，因而不能以粗放的方法进行规划和开发，而应根据区位及传统资源进行市场细分和土地利用细分，才能发现更大的价值，这项工作可能就是旧城改造项目的利润所在。

共同培育商业氛围，发展都市居住模式。旧城的中心区位最适合以商业物业的形态表现出来，因而在发展居住区的时候，应比新区项目更加注重商业物业，否则就失去了旧城区位价值的优势。

三、成功的旧城改造开发模式

典型旧里、旧街坊的保护与开发。旧街坊的保护必须与实用相结合，全部迁走原居民，只留下空壳并不是保护的真正目的。应考虑宜商则商、宜住则住，使旧街坊保持新的、活的生态。

吸引人口与商业设施建设。旧城改造往往疏散了人口，这与商业价值是相矛盾的。许多城市的旧城区改造之后，也就失去了往日的繁荣和活力，因而以吸引人口为目的开发才是旧城改造的要害。

把握密度与住宅档次、价位的关系。一般而言，旧城项目密度越高则价位越低，而密度越低则价位越高，考虑市场的需求和承受力，比较适合采用中密度的发展模式，价位表现适当稍高些，并体现出合理的价格性能比。

挖掘文化与传统资源。旧城的文化、传统资源都是重要的商业价值，但是这些资源不是万能的，应该创造性赋予更大的商业价值。

四、打造可持续发展的繁荣城区

从双赢到居住者、创业者、就业者多赢。旧区地方与发展商共同成功才是旧城改造的成功，甚至，居民、商家都成功才算是全面的成功，否则旧城改造不可能成功。

在“环境、居住、人口”之外再加上产业，除了环境、居住、人口是旧城改造的主题，产业培育是更重要的内容。产业兴盛也就为房地产带来了市场和需求，因而旧城改造也就成功了一半。

“造市与共同消化成本并举。”造市的作用是有限的，若期望通过造市加大房地产商的成本，则是非常危险的行为，应花更大的力量来降低成本，这样的成功保障就更大些。坚持以人为本，以市场为本的发展主题。旧城改造是为人服务，而其机理则是通过市场行为实现的，只有在任何时候坚持人和市场两个主题，才可能有成功的旧城改造，并且可能为长时期的可持续繁荣和发展打下基础。

第五节　城市更新与社会网络

一、社会网络的含义及其意义

1. 社会网络的含义

社会网络是一个人同其他人形成的所有正式与非正式的社会联系。也包括了人与人直接的社会关系和通过对物质环境和文化的共享而结成的非直接的关系。社会网络具有场所感、等级性、完备性、叠合性等特征，其基本属性表现为社区群体生活的整体性。社会学家格拉斯在对居住邻里单位进行考察时，发现其中的社会网络系统是一种节点系统，由居住社区中的公共服务设施以及使用这些设施进行交往的居民共同构成。

人与人，人与居住环境之间经历了较长一段时间的磨合后，形成了较为稳定的结构关系，将赋予城市空间某种极具凝聚力的内在精神，这就是舒尔茨所提出的场所精神。居住社区并非静止的或纯物质性的，社会网络和场所精神的存在赋予了它生命活力和内在精神，使之在历史变迁中不断发展完善。

2. 社会网络是城市多样性在居住社区中的体现

城市多样性思想在城市更新中日益受到重视，简雅柯布提出多样性是大城市的天性，唤起了人们对复杂多样的城市生活的热爱。旧城区以其复杂多样的功能构成和深厚的历史文化积淀，使得社区居民在联系交往中对所处的居住空间形成了强烈的归属感和精神状态上的同一感。这种人际交往所形成的社会网络是社区场所系统所体现的一种社会功能，同时也是城市生活中最重要的部分，体现了居民对复杂多样的生活的热爱。

3. 社区公共空间与社会网络的发展

社会生活总是围绕特定的场所来展开的，居住社区中应具备一个完整的场所系统，公共空间（如公共服务站点、文娱活动场所、公园等）则是其中的重要组成部分。它满足了居民对社会生活多样化的要求，对居民的许多社会活动具有支配性的作用。旧城区富有生机的社会网络是由居住区内各式各样的场所及在其中进行的社会生活相互交织在一起形成的，它随着社区中居民与环境相互关系的发展而发展。同时，社会网络的发展成熟需要一定物质基础，需要提供社会交往的公共场所作为媒介。公共空间便是社会网络形成发展的物质基础和空间载体。尺度宜人的街道，利于交往的空间，以及轻松和谐的邻里关系构成了富有人情味的邻里生活。在人际交往中，人对环境注入了情感，物质环境成为人化环境，经过长久的积累便形成一种具有内聚力的场所精神，交织出错综复杂的社会网络。

二、传统城市更新对社会网络的影响

1. 大规模城市更新对社会网络的破坏

20 世纪 90 年代以来，中国的城市更新进入一个新高潮，但旧城更新的规划设计以大规模推倒重建为主。危旧房片区的改造倾向于简单化的拆除重建，旧城居住社区的社会网络和城市肌理遭到了严重破坏。具体表现为：城市更新的范围过大，目标单一，忽略了对城市居住社区的社会网络和邻里关系的保护，居住区中原有的社会网络丧失殆尽。大规模更新改造项目经济利益至上，没有顾及中低收入阶层和大量与人们日常生活息息相关的个体经营的利益。旧城区丰富的社会邻里结构和各收入阶层的融合不复存在，具有凝聚力的社会网络也失去了原有的意义。由于缺乏对建筑与周围历史人文环境关系的考虑，破坏了原有的邻里结构和城市肌理，原有社会网络形成的物质基础已不复存在。经改造后的新居住区没有着力于基础设施的完善，环境条件的改善和城市综合功能的提高，新的社会网络的构建因缺乏供居民进行联系、交往的场所而显得困难重重。

2. 中产阶层化对社会网络的影响

中产阶层化（gentrification）是在城市中心区或发生衰落的邻里中，中产阶层和富裕家庭进入低收入阶层居住社区的运动。其实质上是社会经济阶层的分化，它使得社区内居民的结构发生根本性的变换，社区文化因而发生了彻底的更新，社区邻里被重新塑造。在中产阶层化过程中，富有阶层的迁入使邻里（neighborhood）或社区（community）的社会经济地位发生了根本性转变，社区混合邻里（socially mixed neighborhood）的稳定性受到了破坏，原有社会网络的意义丧失。

不同于西方国家的城市中心区衰落，中国的旧城区仍是活跃的城市经济中心。当前中国的郊区化现象还不明显，中产阶层化现象尚未形成。一些富有阶层迁入城市中心区的现象主要是政府实施旧城改造政策以及房地产商进行开发的共同结果。一方面旧城改造政策缺乏对旧城区历史文化和社会网络的保护意识，另一方面开发商为了追求高利润，街区邻里和具有历史文化价值的地段被高密度的商业建筑所取代，大量历史街区和富有生活气息与地域文化特色的居住区日渐遭到蚕食。

三、社会网络保存和发展的城市更新有效形式

1. 社区开发与社区自建的启迪

社区开发（community development）区别于城市更新（urban renewal）计划的第一个特点是其目标的多样性和内容的广泛性，其二是社区开发强调为贫民服务及提倡社区事务公众参与，其三，社区开发更注重于对社区文脉以及社会网络的保护和复兴。社区开发提倡目标广泛、内容丰富的旧城改造，更具文化意识和社会意义，对目前中国的城市更新改造无疑有着许多有益的启示。

20 世纪 80 年代西方兴起了社区建筑运动（Community Architecture），同期中国也曾出现过各种类型的住宅合作社。这两种更新改造运动主要是以家庭合作方式进行居住区重建或改建。与大部分由政府和开发商主持的城市更新活动相比，社区自建更新更具有强烈的生活性和地方文化色彩。社区自建的根本目的在于塑造最适居的社区生活环境，改善了社会网络发展的物质基础，相当于由社区居民进行的社会网络自我有机更新。目前，中国旧城改造面临的困难很大部分来自资金的缺乏，在一些商业开发潜力不大的地段尤为突出。因此，居民以家庭为单位进行合作自建的方式极具现实意义，同时中国的市场经济发展也为此提供了有利的条件。在居住区更新改造中应汲取以往的经验，引导社区全体居民积极参与住房自助改建活动，建立一种可操作性强的住房发展模式。

2. 渐进式小规模改造的提倡

简·雅柯布主张以渐进式小规模更新改造替代以往的大规模更新，提倡一种小而灵活的规划（Vital Little Plan），发挥其灵活性的优点，顺应城市更新代谢的规律，进行连续的、渐进的、复杂的、细致的改造。通过渐进式小规模整治改造，不仅可改善居民的居住条件，还可实现居住社区与历史街区中社会网络和社区文脉的继承和发展。在具有较高历史文化价值的历史街区，则可顺应城市肌理，提倡一种渐进式插入置换的方法。此外，以渐进式小规模更新改造为基础，还应将居住区改造作为一个文化传承的问题来考虑，提倡更具文化意识的旧城更新。其关键在于维护并增强居住区的复原力（resilience），即顺应城市生长的规律进行渐进式有机更新，使历史建筑在结构纳新活

动中更自然的经历变迁，最大限度地减少破坏。居住社区中将容纳不同的阶级和文化群体，共同构筑丰富的社区邻里关系，使社会网络得以延续、发展。

3. 规划师与居民对社会网络发展的双向控制

居住社区的形成发展，是由规划师与居民共同控制，而且在很大程度上是由当地居民在长期的社区生活中逐渐完成的。社区更新过程中，对社区的任何保护规划及再开发都应从居民的切身利益及社会网络的长期动态发展出发。任何急功近利的规划设计都必将不具有长久的生命力，并最终导致传统社区的瓦解和新社区的失衡。更新改造中应该为社区发展留有自行发展的空间，故提倡由规划师把握总体方向，居民广泛进行公共参与。这里所提出的公共参与并不局限于个人对一部分公共活动的直接参与，而是泛指加强横向开放式的，自下而上与自上而下双向运行的全体居民与规划师的共同合作。寻求规划师与居民的双向交流，共同合作，对社会网络的发展完善进行有效的双向控制，不失为一种值得在城市更新活动中提倡的新形式。

第六节 城市更新与公众参与

随着中国城市化进程的加快，不少城市正在进行空间重构，旧城更新就是其中一个重要组成部分。旧城更新是一个系统工程，它不仅仅涉及物质空间实体本身，而且涉及经济、社会、文化、生态以及美学等方方面面的因素。因此，旧城更新的完成，不能仅仅依靠城市管理者与规划师等少数人的决策，还必须调动广大公众广泛参与，群策群力。本节就中国旧城更新中公众参与的相关问题进行探讨。

一、公众参与对旧城更新的意义

1. 维护市民自身利益

旧城更新不仅是一个空间改造与重构的过程，而且是一个各方面利益互动的过程。旧城更新涉及城市中各方面的切身利益，往往受到各方面的广泛关注，政府、开发商、规划师以及公众四股力量交织在其中。在四种力量中，政府拥有行政上的权力，开发商拥有资金上的优势，规划师拥有技术上的权威市民则处于相对被动的地位。

当前，中国的旧城更新中，两种趋势较为普遍。由于旧城占据区位优势，具有较强的土地增值潜力，因此在市场经济条件下，开发商在开发中，往往只注重经济利益，而忽视其他因素。政府相关部门为了“寻租”，对开发商的行为采取迁就的态度，这是一种常见的趋势。另外一种常见的趋势是，政府一手操办，拒绝其他部门介入，也就是我们常说的“墙上挂挂，纸上画画，不如领导一句话”。在这两种趋势中，规划师虽然很少具有决策方面的权力，但在具体的规划设计过程中也能将自己的好恶带入规划设计方案，从而对更新产生一定的影响。而作为“当事人”的市民却很少有机会影响更新过程。

在西方，旧城更新是保护、整治以及开发的统一体。但在以上趋势下，中国的旧城更新往往采取大规模推倒重建的方式。旧城改造规模过大时，一些弊端容易滋生，如规划师的价值观取代了民众的价值观；如经济利益强的阶层利益得到了满足，经济实力弱的阶层利益被忽视；如人的情感需要、邻里关系、社会网络等非物质因素被忽视。西方国家在这方面已经有过不少教训，不少仁人志士对此进行过强烈的抨击。美国著名的人文主义城市规划学家雅各布斯指出这种方式摧毁了许多有特性、有色彩、有活力的建筑物、城市空间以及赖以存在的城市文化、资源和财产以及人们之间良好的社会网络。她认为大规模的改建只能使建筑师们热血沸腾，使政客地产商们热血沸腾，而广大人民群众却往往是利益的受害者，为避免这种情况的发生，最好的办法就是让公众参与到旧城更新的过程之中。只有参与其中，公众的意愿才能得以表达，公众的需要才能得以满足，公众的利益才能得以维护，这是不可替代的。

2. 塑造良好的城市空间

旧城改造是一个城市空间重新塑造的过程。良好城市空间的塑造不仅仅体现在物质实体层面，还有着深刻的经济、社会、文化、生态、美学等内涵，必须兼顾各方面的因素。从系统论出发，城市空间的塑造是一个复杂的巨系统，涉及的变量与参数数以亿万计。旧城更新要考虑经济效益、社会效益、文化效益、生态效益以及审美效益，而不能有所偏颇。面对如此复杂的巨系统，仅仅依靠少数决策者与规划师的智慧是远远不够的，必须发挥方方面面的才智，尤其是作为“当事人”的市民的才智。

美国圣路易斯中心的普鲁伊特——艾格尔住宅区事件就是这方面极好的例证。该住宅区本来是为低收入者所建，设计者的出发点是为他们创造出更好的物质环境，事实上这方面的努力也成功了，住宅区的物质空间确实很不错。但出乎设计者意料的是，几年之后，这里却被破坏得一塌糊涂，而且治安也变得出奇地差。终于在一次又一次的改建失败以后，有关当局不得不炸毁了住宅的大部分，而这一举动赢得了居民们的一片欢呼。这次事件是一次惨痛的教训，它的原因发人深思。后来的研究表明，其中一个重要原因是，空间设置与社会文化因素严重脱节。在低收入者聚居的邻里单位中，社会网络起着关键的作用。美国下层居民尤其喜欢非正规的空间，在住宅的户外街道、低层住宅的门前、狭窄巷道的交叉口以及杂货店的空地上进行无拘无束的聚集与交往，然而，新住宅区尽管齐整、秩序性强和卫生设施条件较好，但却没有产生社会网络的空间基础，这次悲剧就在所难免。由此可见，良好的城市空间是多因素的、综合的，其塑造不能仅仅依靠规划师，还必须发动公众广泛参与。

近些年来，中国的旧城更新，出现了许多不尽如人意的情况。如在旧城中建造了不少“败笔”，造成了一些不可逆的损失。还有的在旧城中大肆破坏生态环境，非但没有达到更新与改善环境的目的，反倒需要“二次更新”，造成了资源的巨大浪费。这些情况的出现，与缺乏公众参与有着不可分割的关系。因此，只有广大公众的积极性与创造性被调动起来，参与到旧城更新的实践中去，良好的城市空间才能塑造起来。

3. 实现文化资源可持续发展

旧城是城市历史遗迹较为集中的部分，它是人类文化遗留给我们的一笔宝贵的财富，我们必须予以一定的保护。如果任由经济利益的驱使，往往使这部分遗产遭受“灭顶之灾”，不利于城市文化资源的可持续发展。但同时，我们还要注重发展、改善人们的居住环境。只强调发展意味着无知，只强调保护意味僵化，二者都是不可取的，正确的做法是保护与更新的有机结合。

要实现保护与更新的有机结合，我们就必须将历史遗迹妥善地整合到城市空间之中。国际上不少历史建筑“旧瓶装新酒”——外部形式保持原样，而内部设施焕然一新，就是一例。当然，如何将历史遗产整合到更新之中，形式上可以多种多样，其中离不开公众参与。公众是城市的主人，生于斯，长于斯，对城市的文脉极为熟悉。他们能够真正解读“旧城文本”，因此也就能够帮助规划师们将历史遗迹更好地整合到现实城市中，实现保护与更新的有机结合。

二、中国当前旧城更新中公众参与的现状

1. 参与中自发性的较多，制度性的较少

公众参与到旧城更新之中，最重要的环节是必须有法律法规的保证，使参与行为有法可依。公众参与是现代西方发达国家城市公共管理方面的一项重要制度，指导原则是“凡生活受到某项决策影响的人，就应当参与那些决策的制定过程。”同时有相关的法律法规给予保证。例如，英国的《城乡规划法案》中就已经明确了公众参与制度，后来，在几次规划法规的修订中都分别强调：结构规划在作为正式的法律性文件公布之前，必须按照立法的要求完成全部的法定程序，其中最重要的一个环节是公众参与规划评议，立法甚至认为“公众参与规划的制定是英国规划法规体系的骨架”。而且，英国编制规划中还有一条不成文的规定，那就是，规划如果被公众反对，规划就必须修改，被公众反对而规划又不修改的条自内容是无效的。而中国目前缺乏公众参与的制度性渠道与法律依据，自发的参与也多是“事后性”的。即规划方案与公众利益发生冲突后，居民为维护自己的权益，自发地组织起来同有关部门交涉，还经常演化为围坐拆迁现场，堵塞城市交通，引发暴力冲突等过激行为。这种“事后性”的参与，不仅不利于问题的解决，而且还可能干扰有关部门的正常工作，造成更大的问题。

2. 参与中低层次的多，高层次的少

公民参与的范围应当遍及旧城改造中所有的步骤，每个步骤都应当给公众以参与的空间。但目前，中国公众参与的范围较窄，在旧城更新过程中，参与的范围仅仅限于调

研与论证这两个低层次，即便是这两个层次，也往往是“象征性”的。调研很大程度上是在走过场，调研的问题带有较强的主观性且范围较窄。论证也多是流于形式，因为论证虽体现民主原则，这一点无可非议，但论证的参与者中往往“当事人”的比例过小。而且长期以来，由于规划设计部门与广大群众的隔离，公众对城市规划设计的认识水平也不高，知识也较缺乏，因此参与的范围往往局限于一房一地的范围上，多是涉及自身利益，而对一些旧城更新中涉及公共利益的部分缺乏参与，因此总体参与效果不佳。

3. 参与过程封闭性的多，开放性的少

旧城更新涉及居民住所的拆迁、安置、补偿以及生活环境改善、邻里关系的重组等问题，直接关系到居民的物质利益与精神情感利益，因此公众对旧城更新的参与热情较高。但现状是公众虽有热情，但苦于无门。长期以来，所有城市建设与更新活动都是在封闭系统下进行的，是政府与城市规划建设管理部门“内部的”事情。近些年来，开发商的介入，虽然在一定程度上改变了这种封闭状态，但就广大市民而言，仍是鲜有渠道介入其中，最后往往只能以上访的形式来解决问题。

三、加强公众参与的思路

健全法律法规，旧城更新公众参与的现状，首要问题是健全相关法律法规。从更长远的角度出发，公众参与不是为了应付旧城更新的权宜之计，而是成为城市规划体系中一个不可或缺的重要环节。因此，完善的法律法规是必需的。

中国这方面较为欠缺，唯一的相关法律是 2008 年施行的《中华人民共和国城市规划法》（以下简称《规划法》），相关内容比较笼统。基本上都是指导性质的意见，缺乏较为详细的、具有操作意义上的条文，其修正势在必行。除重新修订《规划法》外，在城市层面，今后可以考虑将公众参与纳入城市规划设计法规之中，从而保证公民的参与权。当前，应当解决的一个重点是，旧城更新有关规划方案出台后，在一个时间段内，应从法律上允许公民对其审议，提出意见，反馈给城市有关部门，以便修正完善。中国不少城市已经出台了这方面的法规，但其中不少法规缺乏具体规定性，还比较含糊，今后尚需改进。

在法律保证的前提下，要发挥公众参与在旧城更新中的作用，还必须有一个科学的程序，包括宣传、采纳公民建议、公民听证会、公民监督。这个科学程序把城市更新作为一个开放的系统，公民可以全方位，多层次地参与其中，深入到每一个环节中。在这样的系统中，公民的才智才能得到充分发挥，媒体、专家、公众、职能部门才能通力合作，城市更新才能取得理想的效果，真正做到以人为本。真正把公众动员起来参与旧城更新，还必须有相应的组织保障。而中国目前在这方面比较薄弱，在旧城更新中，公众不是自发参与，就是临时组织起来，难以保证参与效果，也难以形成合力。

当前在动员与整合公众参与力量的组织建设方面，我们可以从以下几个层次着手。一是在城市中成立一个协会性组织，在政府与公众之间负责沟通协调与信息交流。一方面，它负责接受公众的意见与投诉，并向政府部门反映与交涉，还可以为公众提供法律援助；另一方面，它负责接纳政府的信息与决策，并向公众传达。二是以街道与居委会为主体，作为协会的分支机构，也是最基层的公众参与组织，它可以直接贴近公众的生活层面。通过这两种组织的建设，形成公众参与网络体系，将公众参与力量整合，更好地发挥公众在旧城更新乃至城市规划中的作用。

第七节 城市更新与创意产业

“创意产业”概念源自英国，被定义为“源自个人创意、技巧及才华，通过知识产权的开发和运用，具有创造财富和就业潜力的行业”。创意产业概念的提出有12年时间，该产业发展迅猛。据统计，2005全球创意产业每天创造的产值高达220亿美元，并正以每年5%左右的速度递增。在一些发达国家，创意产业增长速度更快，如美国每年增速达到14%，英国达到12%。

创意产业是智能化、知识化的高附加值产业，它以几十倍、几百倍的增幅升值其产品价值，因而发展创意产业可以大幅度提高传统制造业产品的文化和知识含量，促进产业升级转化，提升城市竞争力。在这一形势下，如何运用创意产业促进城市更新不仅具有重要的文化意义，而且也是科学发展观的体现。

一、创意产业在中国城市更新的实践

近20年来，随着城市化进程的加剧，中国城市建设和旧城改造亦轰轰烈烈进行，作为中国文化创意产业的先行者，上海创意产业已经显现出强劲的发展势头，特别是在上海市政府2004年以来所制定的一些具体的政策的推动下，不仅为当地创意产业的发展奠定了一个好的基础，而且为各地规划创意产业的发展提供了一条可供借鉴的发展思路。每个去过上海创意园区的人，都会充满了羡慕的目光，在大城市摩天大楼的夹缝里，偶尔可以看到紧闭大门的工厂、废弃破旧的仓库。但在破旧的外表之外，里面却可能别有洞天，精美的设计，粗的线条，充满激情的创造。如上海张江文化科技创意产业基地以浦东软件园为依托，以先进的科技水平、多样的艺术形式、健康的文化内容、现代的产业功能为发展主线，重点建设文化与高科技密切结合的文化科技创意产业，集中体现了“研发、培训、孵化、展示、交易”五大功能。因此，可以张江文化科技创意产业基地为龙头整合目前分散在各区的动漫和网络游戏业、多媒体内容产业和影视后期制作业，

加强合作，共铸并共享“上海文化科技创意产业基地”品牌，形成优势，实现共赢。上海将市内的旧厂房改造后，形成了上海设计文化的一大亮点，吸引了大批的外国企业、机构前来参观投资，并为此培养了大批的优秀设计人才，使一批旧厂房和旧城区焕发了青春，并带动了产业经济和旅游经济的发展，形成了新的设计人才“孵化器”。

北京 798 工厂从 2003 年初开始，用了不到一年的时间，画廊、酒吧、服饰店、杂志社等艺术或时尚的商业机构就增加到了约 40 个，艺术家工作室 30 多个。艺术家工作室以及相继进入的机构已经基本改变了这个厂区的环境气质，厂区内走动的人群越来越杂，时尚小资、前卫青年、外国文化；客使这个多少让人有陌生感的工厂变成了北京最时聚的活跃地带，仍然保留着部分生产的工人们或视若无睹地忙着自己的事照旧地上下班，或悦然地打量着这些突然多起来的“外人”。他们或兴奋或听之任之的神色都在提醒着这个环境，它的现实正在改变着它的过去，不仅是情调的改变，甚至是 798 所代表的工业城市的整个逻辑就要被完全改变。

创意产业在上海、广州、香港等城市已经成为一个越来越引人注目的经济力量，为当地创造了很好的经济效益。这些城市，将创意产业作为城市更新的新模式，不仅保留了城市历史风貌，也降低了城市改造成本，提升了城市品位。

二、中国城市更新存在的问题

中国的城市更新从新中国成立至今已有 50 余年，其发展历程曲折漫长，直到 20 世纪 90 年代后才以空前的规模和速度展开。城市整体经济实力的飞速增长和房地产市场的推动，改变了城市更新的投资方式，由“投入型”转向“产业型”，房地产的效益为城市更新注入了新的生机和活力，推动城市更新进入一个新的历史阶段。但是我们也不得不面对城市更新中出现的诸多问题。

1. 形象工程

严重的形象工程问题在中国许多城市大量存在。形象工程急功近利，不顾当地经济发展水平，严重脱离实际而上马，多因建设资金不足而造成长期大量拖欠工程款，为以后发展造成严重障碍和沉重负担，导致当地城市由强变弱，居民由富变贫，企业由盛变衰，甚至破产；大量拖欠农民工工资，向弱势群体转嫁负担，造成全国性的严重社会问题。

2. 扭曲社会关系和利益结构，催生社会的不稳定因素

在城市更新的博弈中，存在着政府、房地产商和居民三方对弈者。更新方案，将是这三方利益平衡的合约安排。在更新中，居民的要求是保护他们的租金收益或对损失租金收益给予补偿，房地产商的追求是利润最大化，至少获得行业平均收益，而政府希望避免财政压力，实现社会稳定和政绩。现实中，受损失最大的往往是被迫搬迁的居民，他们从经济、社会关系、工作和生活上都会受到严重影响和损失。城市更新的客观结果

就是将“贫民”疏散或迁到地价较低的地方，将“富人”集中到地价较高的地方，成了“驱贫引富”运动。

城市更新意味着物质空间和人文空间的巨大变动和重新构建，尤其是被迫强制性搬迁的情况下，很容易撕裂和损坏这种稳固基础和文化，造成社会各方面已经长期付出的巨大努力和各种成本所致成果的完全灭失。

最后，在更新过程中，如果手段和方法不当，就会激化社会矛盾，产生社会不稳定因素。20 世纪五六十年代西方发达国家的历史也说明了这一点。在经济高速发展的推动下，各国开始了一场以功能区规划、大规模城市清理重建及城市高速公路建设为主要内容的城市更新运动。然而，城市更新改造始终伴随着激烈的反抗。

3. 城市文脉断裂，城市特色消失

厚重的文化底蕴是一个城市独有的特色，也是城市竞争优势关键因素之一。城市的历史文化遗产记录了不同民族、不同时期文明的发展脉络和历史信息，是历史上不同传统和精神成就的载体和见证，它体现了城市的特色和个性，是城市的底蕴和魅力所在。没有了故宫和四合院的北京，将很难与保存完好的罗马、巴黎并称为人类文化古城；没有了泉的喷涌、没有了水的韵致，济南引为自豪的泉城就会在人们的认知中被抹去。

有的城市将原来的古建筑拆除后，就在原来的位置上又建起了仿古建筑，毁了真的，造了假的。建筑是不可复制的，再精美的复制品也是制品，而且这种行为割断了城市的文脉，破坏了城市的意象，使城市在所谓现代化的同时，失掉了沉淀数百年世代相传的宝贵精神资源和物质财富，失去了城市独有的特色。

三、创意产业在城市更新中的进一步思考

1. 创意产业延续了城市文脉，继承了工业遗产文化创意与工业遗产的结合既推动了文化产业的发展，又使建筑承载着文化

以文化产业为核心的创意产业将成为引领下一轮城市经济发展的核心竞争力，将成为城市竞争的焦点。诸多迹象表明，在全球化趋势不断加强、国际竞争日趋激烈的今天，以文化产业为核心的创意产业的发展规模，已经成为衡量一个国家或城市综合竞争力高低的一个重要标志。

“文化是历史的积淀，存留于建筑间，融汇在生活里。”在人类历史发展长河中，城市的政治、经济、文化经历了兴盛和衰败的风风雨雨，而建筑却往往能够跨越时空留存下来，它们承载了城市的历史记忆，是前人创造的具有宝贵价值的文化遗产。但在中国，作为20世纪数量最大的建筑遗产——工业遗产却因为既非古代建筑又非文化保护对象，而且往往由于形象太“寒酸”，与飞快“长大、长高”的城市建筑显得格格不入，从而成了旧城改造的重点对象——往往是用推土机推平了事，这种处理方法和态度无疑是简单而粗暴的，毕竟城市的发展不应以割断历史为代价。

随着时间的流逝，工业遗产作为近代工业文明的产物必将日益显示出其历史文化价值与精神审美意义。

创意产业发展需要新的空间。创意产业涉及广告、建筑、艺术、工业设计、时装设计、电影、音乐、出版、软件、.电视广播等诸多领域。而这些产业与一般的工业制造业不一样，与一般的商业也不一样，它具有相对的时空独立性，它是一种思想、文化和市场的融合，随着经济和社会的发展，文化产业将越来越发达，而产业的存在必将寻找一定的依附空间，而工业遗产正好满足了这样大规模的需求。

①创意产业的生产场所的需求

创意产业的产生需要新的产业空间，而城市更新中最令政府难以处理的工业遗产正好满足了这个需求。包括办公场所、创作场所等。

②创意产业的会展场所的需求

创意产业中设计、艺术以及出版影视等产品展示和推介需要场所，而现代化的会展场馆对于文化创意产业而言有点格格不入，缺少文化积淀，在以工业或者故居生活区中展示对于某些创意产品具有更加积极的效果。

③创意产业的公共活动场所需求

工业遗产的特点是大尺度，这对满足市民的公共活动需求具有积极意义。目前，地方在工业遗产处理中并没有大拆大建，而是结合一些工业元素整体包装成为公共活动场所，如城市公园、主题公园、电影院等。

④城市与空间设计的商业化运作

可以结合工业遗产的部分空间，以艺术创作为基础，开一些酒吧、餐厅等商业和日常生活及娱乐设施。

历史是一笔巨大的资源，但又不能仅仅成为资本。我们不仅应当把发展创意产业与推进产业结构和消费结构转型升级结合起来，把发展创意产业与旧城改造和保护历史文化遗产结合起来，而且应当把每一栋建筑、每一条街道作为艺术品加以创作，把整个城市作为一件文化产品来对待，在创意城市的过程中创作城市，在创新城市的过程中创造城市，让每一栋建筑、每一条街道乃至整个城市都能成为一件艺术品，一件文化产品。

2. 促进产业升级，提高城市竞争力

从产业的划分来看，很难将创意产业划归到传统的第二产业或是第三产业中，创意产业是新技术日新月异的结果，也是新技术、与知识产权有关的创意与传统产业的融合。因此，从创意产业的发展来看，创意产业体现了产业融合的产业发展新趋势。创意产业最大的投入是以人的创造力为标志的知识产权、并依托现代的互联网和电脑技术作为工具，因此，它是一个知识密集型的产业，体现了现代产业发展的一种新趋势，同时它是一种典型的节能产业，因而可以为产业的发展提供一条可持续发展的道路。

目前中国各类产业升级的空间还比较大，经济增长方式转变助推创意经济升温。以典型的制造业为例，中国制造正面临非常大的资源压力和环境压力，煤炭资源、各种矿产资源压力巨大。与此同时，中国现有制造业文化含量低，品牌、创意、设计水平低的劣势已经显露无遗。依靠廉价的劳动力、廉价的土地资源培养起来的制造业，依然处于产业链的低端，只能成为世界工厂，产品的核心技术依旧掌握在欧美日等发达国家企业的手中。中国经济的发展必须以高附加值的制造业和现代服务业为主要方向。发达国家和地区的经验表明：创意产业的高附加值，可以推动传统制造业向高增值产业升级，大力发展创意产业，能够加快现代城市服务业发展，改变目前传统服务业在第三产业中唱“主角”的局面，迅速推动第三产业的优化与升级。

国际经验表明，大多数大城市在实现工业化后，都把发展创意产业作为催化经济转型的重要战略举措。因为创意产业在增强城市综合竞争力、促进产业升级和转变经济增长方式上作用巨大。正如著名经济学家罗默所说，新创意会衍生出无穷的新产品、新市场和财富创造的新机会。

在经济全球化趋势不断加强、国际竞争日趋激烈的今天，创意产业已不仅是一个发展的理念，而是有着巨大经济效益和社会效益的现实。据欧洲的一项调查表明，在工业品外观设计上投入 1 美元，将能得到 1500 美元的回报。可见创意产业的基础在于创意，前景在于产业。只有促进创意成果转化为经营资源，通过向传统产业的渗透和产业链的整合与延伸，进行深度开发，才能充分获取创意产业的效益。

如果我们一定要严格区分创意和创新，如果我们一定要把创意工业归结为以高新文化工业为主的产业集群，把创新工业归结为以高新科技工业为主的产业集群，那么创意工业和创新型工业、高新文化工业和高新科技工业就是新工业的两大战略支柱。如果我们严格区分文化工业和文化产业、高新科技工业和高新科技产业的不同含义，严格区分创意工业和创意产业、创新工业和创新产业的不同含义，如果我们一定要把创意产业归结为以高新文化产业为主的产业集群，把创新产业归结为以高新科技产业为主的产业集群，那么可以说创意产业与创新型产业正是当代经济发展特别是后工业经济的两大领导产业。

因此，中国发展创意产业，应实施产业集聚和人才集聚的战略，集中优势兵力聚焦若干重点行业（主要是工业与建筑设计、文化传媒、咨询策划、时尚消费等），强化品牌战略，包括做强创意产业园区品牌、创意企业品牌和创意产品的品牌，从而极大地促进产业升级和增强城市的国际竞争力。

3. 促进社会就业，维护社会稳定

创意产业是源自个人创意、技巧及才华的行业，其发展的关键在于人才。从目前中国的人力资源看，还远不适应创意产业迅速发展的需要。据报道，纽约创意产业人才占工作总人数的 12%，伦敦为 14%，东京则达 15%，而中国创意产业发展较好的上海还不足 1%。不仅因为缺少高端创意人才和策划人才，导致原创作品少，创新模式少，而且也缺少擅长将创意作品“产业化”和“市场化”的经营人才和营销人才，即所谓的“新媒介人”阶层（如艺术经纪人、传媒中介人、制作人、文化公司经理等）。此外，由于缺乏优秀的“新媒介人”，对创意产品的推广、衍生产业的发展、品牌的塑造、价值的挖掘都还很不理想。因此，创意产业要起飞，必须集聚大批优秀的创意产业人才。为此，一方面要通过高等院校开设相关专业课程，培训培养一批人才；另一方面要创造宽松宽容的文化氛围，构建良好的公共服务平台，完善知识产权保护和提供一定的激励政策，从而为更多的人才提供就业机会。

四、从经营城市走向创意城市是城市发展的新趋势

我们既要增强城市的硬实力，改善城市的硬环境，又要增强城市的软实力，改善城市的软环境。我们不仅应当让城市强大起来，而且应当让城市美好起来。在城市资源体系中，人力资源是第一资源，但最可宝贵的是人的创造力资源；在城市资产体系中，人力资产是第一资产，但最可宝贵的是人的创造力资产；在城市资本体系中，人力资本是第一资本，但最可宝贵的是人的创造力资本。加强城市能力建设要求增强城市资源能力，提升城市经营能力，但最根本的是要增强城市创造力，也就是增强城市创意能力和创新能力，建设创意城市和创新城市。因此，我们不仅需要经营城市理念，而且需要创意城市理念。新城市运动应当内在地包含创意城市运动。

在城市分工体系中，已有肢体型城市和首脑型城市，体能城市和脑能城市、体力城市和脑力城市之分，但是创造力城市成为最高级城市。片面发展高新科技产业，片面强调科技创新，或者片面发展高新文化产业，片面强调文艺创新，只是半脑城市。只有高新科技与高新文化、创意社会与创新型社会和谐发展，才是全脑城市。在新城市运动中，从体能城市走向脑能城市，从半脑城市走向全脑城市是其战略选择，发展高新科技产业和高新文化产业，走向知识型城市和文化型城市，是其优先方向。创意城市和创新型城市正在引领城市发展的方向。

第四章　城市更新中的利益机制与社会成本

现代经济的迅速发展使城市的功能发生了深刻的变化，城市已经成为资源及各类经济和社会发展要素集中的主要载体，面临着人流、物流、信息流、资金流等资本的激烈争夺。地方政府对城市衰败地区进行空间结构的重新配置和组合，实现城市功能和生态环境的改善、扩大市场经济总量的城市更新，在某种意义上是一种集中做出指令和设计这一意义的规划。卡蒙（N.Carmon）将欧美的城市更新划分为强调居住环境的大规模旧城改造、以解决社会问题为重点的社区复原运动、强调经济发展的中心区复兴等三个不同的历史时期。由此可见，城市更新具有符合城市发展的一般规律，具有世界普遍性，并且城市更新直接关系到城市的再生和可持续发展，是提升城市竞争力的有效手段。

对人们的经济活动和管理行为进行分析，利益分析法这一工具必不可少。正如马克思所说：人们奋斗所为的一切都与他们的利益有关。深层次的利益关系是揭开城市更新中种种现象和矛盾的关键。利益机制所表现出来的多变性、隐蔽性、抽象性以及多样性在城市更新项目中能够找到更加确切的表现形式和实现途径。城市更新的本质是地方政府重新对稀缺资源进行权威性分配，在分配过程中需要制定相关的法律、法则、政策条令等规则，以规范利益主体的行为。利益机制就是通过以上规则的合力使各方利益主体的预期利益和城市更新的设定目标达到一致，进而实现最优化的资源配置。理解城市更新就必须分析利益机制，把利益分析的方法渗透到城市环境的特性和运行方式之中，体现出权利、利益博弈的过程。

城市更新在拆迁和建设中需要付出巨大的经济成本，同时也时常能看到巨大的经济浪费。作为经济成本，比较显现，也日益引起社会关注，无须过多赘述。本章侧重讨论城市更新的社会成本问题。

城市更新中，城市政府得到的是巨额财政收入，以至于形成中国城市政府特有的“土地财政”，这也是城市政府乐于拆迁与反复拆迁的主要经济动因之一。开发商看到的是房地产业繁荣中的高房价和高利润，以及诱人的增长前景。城市居民在城市更新中看重的也是其中的经济利益。但是整个城市在城市更新中除了在经济利益方面的得失以外，还有一个沉重的话题，即城市更新的社会成本。

第一节 城市更新的利益主体及其结构关系

随着市场经济发展、社会转型、公民民主参与意识的增强，城市更新涉及的利益主体更加复杂化和多元化。而地方政府“经济主体”与“政治主体”的双重身份又严重制约了各方利益主体，进一步阻碍了利益主体间深层次的合作关系。

一、利益主体的划分

城市更新涉及的利益主体关系复杂，其中最核心的主体由地方政府、开发投资商、社区公众（动迁的社区居民）组成。由于利益层次的不同，其中任何一个主体都可以分解为若干次级利益主体。第一，我国正处于社会转型期，政府的职能正在向“社会管理”和“公共服务”方向转变。城市的行政管理机构设置过多，导致责权利划分不清。从横向关系分析，与城市更新项目直接相关的政府部门多达十几个，如计划委员会、规划与国土资源局、建设委员会、房产局、城管局、园林局、交通局、水务局、环保局等，每个部门都涉及一个甚至多个利益主体。从纵向关系分析，市、区、街道三级管理机构都拥有所属权限的审批权，可以在管辖区内对更新项目实施干预，有多少层级就有多少次级利益主体。部门从各自利益出发可以出台部门规定；部门的行政官员从私人利益出发可通过制定相关政策维护自身利益。针对以上利益的分化现象，城市政府不宜笼统地作为单一利益主体，有必要对其进行分化，具体可划分为：政府整体的利益、政府各部门的利益和政府官员的自身利益以及分层级派生出的更多利益主体。第二，投资商或开发商、建筑商拆迁企业既可以是集几种身份于一体，也可以是多个主体，通过层层分包和身份分离，又产生多个层级不同的主体。第三，原住居民和原住机构，他们之间在城市更新的利益关系上，既有较大的一致性，又有明显的差异性。城市政府和开发商在拆迁中往往表现出利益的一致性，但在具体要求和利益具体分配中，又各有各的利益。城市政府、开发商、原住者相互之间以及社会社区公众之间在利益标的上都存在差异，经济越发达的城市，这种差异性就表现得越明显。因此，在政府部门、投资商内部和公众内部可以形成不同的利益群体和次级利益群体。

二、利益主体间的结构关系

在城市更新利益主体间的结构中，由于行政管理体制改革后、公民社会的培育不足、政府的相对强大和绝对主导、计划体制惯性下的政府干预市场过多等原因，地方政府不仅要承担城市公共服务、公共管理的功能去制定一系列的制度法规，而且一般还作为更新项目的发起人和主要控制者，承担城市更新的一些职能，如城市战略规划、投资、冲突管理等。地方政府的双重身份使得投资商和公众的集体行为在三者互动时存在着对地方政府的“权力依赖”。所谓权力依赖，指的是致力集体行动的组织必须依靠其他组织；为求达到目的，各个组织必须交换资源、谈判共同的目标；交换的结果不仅取决于各个参与者的资源，而且也取决于游戏规则以及进行交换的环境。当前各地地方政府在城市更新的资源交换过程中处于绝对主导地位。随着公民参与决策意识的增强和开发商投资规模增长带来的议价能力的提高，政府的某些行为已经受到了来自其他利益主体的抵抗。与此同时，公民和开发商也强烈渴望与相对强势的政府部门结成伙伴关系。一般说来，主体间存在下面三种结构形式：（1）主导者与职能单位的关系，指一方（主导者）雇用另一方（职能单位）或以承包方式使之承担某种项目。（2）组织之间的谈判协商关系，指多个组织谈判协商、利用各自的资源合作进行某一项目以求能够更好地达到各自单位的目的。（3）系统的协作，达到各个组织互相了解、结合为一，有着共同的想法，通力合作，从而建立起一种自我管理的网络。根据上述理论，当前我国地方政府与公众以及地方政府与开发商之间的关系还只是停留在前两种形式上，缺少系统的协作，因此导致各种“机会主义行为”或“生产性行为”普遍存在。

三、差异的利益需求

利益主体的行为动机是以利益需求为出发点的，并以此形成差序性的行为表现。个体希望通过高水平的努力而实现组织目标的愿望。其前提条件是这种努力能够满足个体的某些需要。利益是人们为了生存、享受和发展所需要的资源和条件。利益可分成三个层面：一是满足组织和个人生存和发展的基本资源和条件，这构成了组织和个人的基本利益。二是组织和个人在履行其扮演的角色所规定的权力、责任与义务时，必然要求获得与其权力、责任、义务轻重大小相对称的角色利益。三是组织和个人为满足自身过度膨胀的利益需求，利用其在社会分工中获取的特殊地位和权力来谋取额外的、不应得到的失常利益。

1. 整体的地方政府

在我国，行政放权和财政分税制等措施的推行正式地将地方经济利益合法化，地方政府不再仅是中央政府的税收代征机构，而是可以合法地支配自己的收入，具有了一定的剩余索取权。一方面，地方政府希望通过城市更新得到土地转让金、保留和拓展税费来源增加财政收入；通过尽量少的公共资金吸引尽量多的企业或私人投资到更新项目中来，以保障组织自身的基本运作。地方政府代表国家垄断城市土地资源，社区公众无权就房屋所占土地的使用权进行交易，只能由政府将土地使用权出让给投资商，收取国有土地有偿使用出让金。另一方面，作为公共管理的服务者，地方政府需要维护和增进公众的社会总福利，加强治理的合法性基础。

2. 政府部门和政府官员

作为政府组织的组成单元和具体行为的承担者，政府部门和政府官员的利益取向构成既包括与整体政府的利益保持正相关的内在一致性部分，又包括独立主体生存发展所需利益的部分：各职能部门的工作侧重点以各自的特定职能领域为准，但更受到本位利益的驱动而突出各自的业务领域去追求部门利益最大化；政府官员希望在其岗位上达到个人效用函数的最大化，“个人的岗位控制权能为拥有者带来实在的利益，并能在一定条件下转化为经济资本，它与物质资本一样具有保值增值的内在动力”。在特定条件下，政府部门和官员还可能利用公共权力谋取非合法途径的设租利益。官员的利益主要分成货币化收益和非货币化收益两部分。货币化收益有岗位工资收入和在职消费，非货币化收益主要包括个人声誉、个人成就感、对权力的自由支配程度和政治支持等。

3. 投资商

投资商职能相对单一，利益需求符合“经济人”思维。即通过降低成本及增加项目利润追求利益的最大化。投资商利益包括成本利益和效率利益两方面。成本利益指投资商在拆迁过程中减少拆迁补偿安置费用，从而降低开发成本所获得的利益。投资商的开发成本通常包括土地出让金、土地投资成本、房屋建筑成本和经营管理费用。土地投资成本又包含土地征收费、土地开发费、拆迁补偿安置费。效率利益是投资商在房屋拆迁过程中通过缩短拆迁时间，即减少交易成本所获得的利益。开发商的交易成本和开发投资风险，包括政府的宏观调控、工程项目进度、银行贷款利息变化、市场需求最大化的时期选择、与动迁公众的谈判成本、动迁公众上访带来的行政仲裁和司法诉讼费用。

4. 动迁公众

动迁的社区公众利益指因房屋被拆迁造成既得利益受损，而应获得相应补偿安置。动迁居民利益包括生存利益和财产利益。生存利益是指动迁居民因房屋被拆除，生存利益直接受到威胁或影响，需由开发商和政府维持和保护其生活或生存的利益。财产利益指动迁居民将房屋作为财产拥有或经营的利益，包括房屋、房屋收益以及因搬迁所需支付的费用。一般情况下，公众更符合“经济人”特征，希望得到最大化的拆迁补偿、改善现有的住房条件以及获得城市更新项目提供的公共服务设施或就业机会。由此可见，利益的客观存在决定了不同的利益主体有着各自的利益需求，各自利益需求的构成又不尽相同。

四、利益实现的方式

在城市更新中，核心是解决效率与公平的统一。各主体利益的实现方式表现为一个持续过程，具体包括利益的表达机制、利益的协调机制和利益的保障机制。

1. 利益表达机制

一个常态的制度化的利益聚合与表达机制是主体利益实现的起点。处于相对弱势的群体往往难以找到自身利益的合法代言人，也缺乏有效而畅通的渠道来表达利益需求。城市更新中的社区公众多为分散化的个体，绝大多数公众在自己权益受到侵害时都是以个人或小团体的形式自发地进行利益诉求，如通过上访、向媒体投诉等方式。这种利益表达机制对个体而言成本很高，作用却甚微。既难以引起有关部门的重视，也很难代表受损公众的整体利益。当前，由于没有建立有效的、制度化的利益表达机制和渠道，社区公众在利益受损后只有通过越级上访、写小字报等不正当方式或借助社会舆论和媒体来实现利益诉求。

利益相关者受到不公正待遇后联合起来，并且借助新闻舆论的报道，挽回了自己的经济损失。国务院办公厅于 2004 年 6 月 6 日下发了《关于控制城镇房屋拆迁规模严格拆迁管理的通知》，明确要求严格控制房屋拆迁面积，凡拆迁矛盾和纠纷比较集中的地区，一律停止拆迁，集中力量解决拆迁遗留问题。畸形政绩与暴利成为隐藏在这次强制拆迁背后的关键因素。此事件给嘉禾带来的负面影响难以估量，严重地损害了当地群众的利益和经济发展，损害了政府的公信力。

2. 利益协调机制

城市更新中利益协调机制的主要任务是缓解社区公众与其他利益主体之间的利益冲突。首先，在具体的项目中，社区公众和投资方通过签订合同来确认双方的权利义务，是一种平等的买卖关系。但投资商追求利润最大化，要尽量降低拆迁成本；尽可能减少对社区公众的拆迁补偿，造成两者间的利益冲突。目前，拆迁补偿费明显偏低，社区公众无法分享土地增值带来的利益。这些冲突的解决都有赖于政府协调机制的进一步安排。其次，原《城市房屋拆迁管理条例》规定：如果被拆迁人和拆迁人达不成拆迁协议不愿意拆迁的，由政府裁决。同时根据规定，只要拆迁单位获得了房屋拆迁许可证就意味着拆迁活动已启动，无论社区公众是否同意达成拆迁补偿安置协议，拆迁办公室作为政府职能部门直接参与拆迁活动，加剧了地方政府与社区公众的矛盾。

3. 利益保障机制

利益保障机制的核心是依法保障利益主体的合法利益。当利益主体特别是相对被动的社区公众的利益受到侵害时，需要一套合理的补偿保障制度。新中国成立以来的不同的时期内，我国不断进行补偿政策和法律上的调整。从形式上看，城市政府若能够依法行政，严格依法办事，社会公众的利益能得到有效合法的保障。如 1953 年 12 月 5 日政务院颁发的《关于国家建设征用土地办法》规定："因国家建设的需要，在城市市区征用土地时，地上的房屋及其附着物等，应按公平合理的代价予以补偿。"1958 年 1 月 6 日国务院公布的《国家征用土地办法》规定："遇有因征用土地必须拆除房屋的情况，应当在保证原来住户有房屋居住的原则下，给房屋所有人相当的房屋，或者按照公平的原则发给补偿费。”并且明确在单一投资主体——政府的土地征用过程中，予以原有住户补偿。1991 年 3 月 22 日，国务院公布《城市房屋拆迁管理条例》，对城市房屋拆迁的管理体制、审批权限和程序、补偿安置原则、法律责任等都做出了规定，并在 2001 年 6 月 6 日进行了补充修改，明确了可以采取货币补偿的方式，并考虑了土地使用权的因素。2004 年全国十届人大二次会议通过的《宪法修正案》规定“公民合法私有财产不受侵犯”，使被拆迁社区公众享受拆迁补偿成为宪法权利。2007 年 10 月 1 日施行的《中华人民共和国物权法》第 42 条第 2 款规定：“征收单位、个人的房屋及其他不动产，应当依法给予拆迁补偿，维护被征收入的合法权益；征收个人住宅的，还应当保障被征收入的居住条件。”此外，政府也在细化各地的拆迁政策法规，增加补偿内容或提高补偿价格等。拆迁公众的利益保障包括补偿合法房屋所有权、附属物所有权和收益权。附属物是指房屋所有人或使用人在房屋上增加的依附于房屋具有某种用途的设施。收益权是指依法收取房屋所产生的自然或法定收益的权利。主要可以分为租金、非住宅房屋的生产或经营预期收入、拆迁时产生的费用。除了房屋拆迁带来的一系列经济损失需要保障外，地方政府还应特别考虑贫困公众被迫迁出时的福利下降。他们的损失有两种形式：一种是他们已建立的社会联系和交往中断了；另一种是不能再选择他们虽然是低水平但是较为便宜的住所，而不少人宁愿住这种房子。这种成本既有经济成本，也有社会成本。此外，必须注意社区公众中的弱势群体的特殊情况，保障弱势群体的特殊利益，这对缩小贫富差距，缓解社会矛盾，促进城市更新项目的顺利开展具有重要作用。从社会学视角来看，社会弱势群体是一个在社会性资源分配上具有经济利益的贫困性、生活质量具有低层次性和承受力具有脆弱性的特殊社会群体。弱势群体的贫困性、生活质量的低层次性及心理承受力的脆弱性说明需要地方政府制定法规来有效地保障弱势群体，实现弱势群体在补偿款、住房、就业和再就业、子女入学等几个方面的特殊利益的要求。比如，政府在项目实施前，要积极做好“下访”工作，将矛盾纠纷化解在萌芽状态，从而有效避免更新项目安置中的弱势群体上访事件的发生。同时，确保政府的配套设施在拆迁前建设到位，为居民提供其购买力所能承受的经济适用房和中低价位商品房，保证低收入家庭能够购买得起基本的生活住房。

第二节 城市更新利益机制的偏差与缺陷

我国各地在城市更新过程中出现的一系列社会问题是基于利益机制设计的形成偏差与缺陷所致，这种偏差与缺陷造成地方政府决策的异化和对稀缺资源分配的自利性和随意性，加剧主体间的利益冲突，从利益分配的结果来看也没有实现城市更新的目的——社会利益的最大化。通过机制设计理论可以很好地解释当前城市更新利益机制的缺陷，机制设计理论如今已成为主流经济学的重要组成部分，为完善我国城市更新利益机制提供了一种新的工具和方法。

赫维茨（L.Hurwicz）对激励相容这样定义：如果每个参与者真实报告其私人信息是占优策略，那么这个机制是激励相容的。也就是说每个行为主体在真实报告其私人信息时，会达到最优选择，此时与其余主体行为无关。在现实经济社会中，不同的利益主体参与涉及资源交易的行为时，会故意隐藏私人信息以获得更多利益。激励相容解决的问题是，在信息不对称的情况下，由于不同的利益主体有不同的动机，如何使个人目标和社会目标保持一致。如果满足激励相容，行为主体即使从自身利益最大化出发，其行为也指向机制设计者所想要达到的目标。

一、利益动力的偏差

1. 城市政府的利益动力偏差

城市更新活动，可以理解为城市公众委托地方政府代理进行更新项目的开发。委托人在这种运行机制中的目的是最大化自己的期望效用函数。从利益需求来看，委托人——公众希望更新项目更多地关注弱势群体，实现社会福利的最大化；代理人——政府官员希望通过更新项目掌握更大规模的资源，增加自己的影响力和权力的含金量，这也构成其政治偏好，即在现存的政治安排中谋求个人政治效用最大化。在当前利益机制中，政府官员升迁（政治利益）的考核标准过多依赖当地国内生产总值（GDP）规模和速度的增长尤其是上级政府官员的意见。制定城市更新的公共政策时，由于在委托人和自身两个目标函数之间不满足激励相容，地方政府选择自身政治效用最大化的行为脱离委托人的预期。同时由于激励不相容，代理人在信息不对称的情况下存在代理问题，会向委托人隐藏真实的信息，尽可能逃避责任，转移交易成本。

由于利益动力的偏差，政府主导下的城市更新不能提高经济效率，大大减弱了收入再分配的公平性，这种失灵具备以下特点：

（1）短期性和表面性。地方政府城市更新实施方案的超前消费偏向明显。其中能够促进现在增长而不是未来增长的方案将获得拥护，而那些涉及环境保护、可持续发展等长期投资的项目则会被搁置。有的城市热衷产值高、税收多的大项目，大力发展高污染、高能耗的产业，以损害地区长期发展来换取短期利税；有的城市大量“批发”出让土地，任意修改规划，建设大量政绩工程，如某些城市追求“本省首创，中国第一，亚洲最大”，开发与城市规模不相称的“面子工程”。

至于超过任期年限以上的执政目标，地方政府往往只做一些规划和宣讲，无视未来公民的需要。

（2）“过度负债”。地方政府为筹集城市更新资源，透支政府的财力和物力，超前动用本应由下几届政府掌握和使用的经济资源和社会资源，地方政府的“过度负债”已经习以为常。比如在城市基础设施建设中大肆融资、强制集资、强行摊派和募捐，有的甚至挪用救灾款等专项经费，为下届政府留下沉重的经济债务。此外，地方政府还会把炫耀“政绩工程”带来的土地和资金浪费、政府隐性损失增加、银行风险扩大、房地产价格上涨等成本转移到公众和企业身上，由此形成“信用负债”，对城市更新的制度创新和城市发展政策的有效实施造成诸多阻力。

（3）盲目性。在不同的历史时期，全国的各大城市几乎都运用相似的规划理念作为城市建设的指导思想。城市之间盲目跟风、盲目攀比，同时将经济开发区、大学城、宽马路、大广场等作为城市名片进行宣传和建设。城市发展没有切实考虑本地区的实际特点和独特优势，仅追求雷同的建设方式和内容，加之对突发事件和历史遗留问题的处理方式不当，往往使得地方性问题和矛盾升级为全国性的问题和矛盾。同时，在经济发展领域，常常引发某些行业或某些产品的整体性短缺、过热、过剩等现象。

（4）沉没成本巨大，“奥肯漏斗”效应突出。许多地方的政府在制定公共政策方面缺乏延续性，习惯于在新一届政府上任时否定前任政府的城市规划和努力，并放弃前期已经付出的成本。每届政府都会提出新的治理理念，重新出台一系列有关城市发展的方针政策。比如城市更新中常年不断的拆迁改造，随处可见的“短命路”“短命楼”。政府的这些行为浪费了大量资源，造成国民财富在二次分配中大量蒸发。

（5）狭隘性。首先地方政府的“行政区行政”造成人才、资金、技术、信息等生产要素流通阻而非最优配置。所谓行政区行政，就是基于单位行政区域界限的刚性约束，民族国家或地方政府对社会公共事务的管理是在一种切割、闭合和有界的状态下形成的政府治理形态。作为国家行政序列中的环节之一，地方政府往往在利益趋向上向地方经济倾斜，过分关注辖区内经济规模的快速扩张；利用信息优势，对自身绩效进行选择性显示，“变通细化”中央宏观决策，损害全社会的整体福利，在城市资源整合、污染治理、项目投资等方面表现得格外突出。其次，由于不同的政府部门行使的公共职能和掌握的公共资源有所差异，国家从制度上认可了部门间不均衡的利益分配。这样，政府的行为导向了部门利益，如实权部门起草法律法规，自身既是法律法规的起草者，又是政策的执行者和内容的解释者，出现“公共权力部门化，部门利益法制化”的不正常现象。

2. 投资商利益动力的偏差

在更新项目的实施过程中，又可以理解为地方政府委托投资商作为代理人进行拆建。从利益需求角度来看，地方政府希望通过城市更新来振兴衰落地区经济，增加就业岗位，改善城市面貌；投资商则追求经济利益最大化。双方追求各自利益的基础是交换互补的社会资源：一个是组织资源，一个是经济资源。但地方政府和投资商在非合作博弈下仅存在理论上的纳什均衡状态。即在这个状态里，如果其他参与者不改变策略，任何一个参与者也都不会改变自己的策略。在这种情况下，公平和效率难以兼得，利益双方难以在默认合同成立的条件下获取最大利益，而只能接受一个双方较为满意的利益分配结果。当前，一方面政府在土地供给市场处于垄断地位，推高了开发商的土地使用成本，但另一方面，地方政府受限于财政资金，城市更新项目更多地需要开发商的资本投入。在上述地方政府和投资商既合作又争利的背景下，地方政府为了激励开发商进行城市更新，在制定政策以及行为方式上会有所倾斜，这种带有倾向性的政策及政府行为必然会使地方政府让渡部分城市的整体利益，比如通过降低土地收益换取未来税收收益及地方发展的利益诉求。因此，没有实现目标和利益激励相容。结果是，投资商在行为的选择上面临道德风险，其逐利行为产生负外部效应。即经济人的行为对外界具有一定的侵害性或损伤，引起他人效用降低或成本增加。投资商在市场利益的驱动下，一方面尽可能改变人口密度、容积率、拆迁比，降低建筑工程质量成本；同时，削减公共绿地、休闲场所、公共设施的面积和数量以增加商业用地的市场价值，这些为实现自身利益最大化而忽视城市整体发展的行为严重影响了市民公共生活的质量。另一方面，投资商“挑肥拣瘦”，抵制投资理应更新的城市衰败地区，转而投资区位条件好、升值空间大的地块进行开发。这必然会大幅推高新商业用房的价格，逐步导致城市人口分化和城市空间的社会分层。即导致具有相似收入、身份以及社会地位的人生活在一起。分析国外城市更新经验可知，收入不公带来的社会阶层分化和人口同质性是造成诸多城市问题的根源。

二、机制的约束因素

城市更新利益机制中的约束因素对控制代理人预期行为符合委托人的目标有着重要作用，可以分为参与约束和过程约束。

1. 参与约束

参与约束指任何参与主体的福利水平不因参与这个机制而降低。这是保障代理人积极参与到机制中的先决条件。因为代理人有参与和不参与的选择自由。为了保证代理人的参与，委托人设计机制时必须考虑到代理人接受合同中获得的收益必须大于不接受合同的收益。反之亦然。由于信息不对称，地方政府在邀选开发商时，很难科学地制定出工程项目招标中的指标体系和评标细则，降低那些不合格开发商中标后的预期收益额从而使其主动放弃项目，剔除不良开发商。另外，在新开发项目上马时和项目建设过程中，为了确保城市的基础设施的有效供给和公众利益的实现，如足够容量的道路、供水、排水、燃暖气管道等以及确保补偿安置，政府普遍的做法是要求投资商提供方案，作为取得开工许可证的参与约束。但方案的笼统和以后的变更、政府人员的非专业性等，使其失去具体关键点的实际作用。

2. 过程约束

过程约束指参与主体的福利水平会因为行为偏离机制所设定的预期行为而降低。这是控制代理人行为的必要条件。由于客观决策环境和行为动机的复杂性，有限理性的代理人即使激励相容，其行为仍然可能失控。目前，对政府官员决策失误造成损失的责任追究制度尚未建立，政府官员在制定城市更新项目的决策时不必承担资源配置失当的风险和责任。由于预期损失很小，会加剧政府官员的非理性违规行为。行为经济学家丹尼尔·卡尼曼（D.Kahenman）提出亏损规避（loss aversion）现象。即人们对收益和损失的价值函数并不是对称的。人们对损失的感觉往往比得到收益的感觉强烈，拥有某物品的人放弃该物品时要求得到的补偿通常高于他们没有该物品时对该物品的支付意愿。这一心理特征很好地解释了激励相容下主体行为的预期利益如果等同于或者略高于过程约束下主体行为的预期损失，那么行为主体仍然会偏离既定目标。

由于欠缺对投资商的过程约束，地方政府无法与投资商间形成一种持续的信任合作的模式。在美国学者爱克斯德（Aikeside）的一次性博弈实验中：设定两个行为者可以在一次交易中合作，也可以相互欺诈。设定的回报状况是：他们能从欺诈中获益，但付出的代价是将来再不可能从合作中获益。如果这种交易只进行一次，各行为者就会采取欺诈行为，因为他们以后不会受到任何损失。但如果他们知道这种交易将反复进行时，那么他们就会放弃短期机会行为，不再试图以欺诈而蒙混过关，转而采取一种合作的行为，以获取远期回报。只有通过对投资商进行严格的约束，降低出现失当行为投资商在下一轮项目中的起始位置，或者取消严重失当行为投资商下一轮参与的资格，才能引导投资商尽可能不偏离城市更新的目标。当前，虽然政府通过细化各地的拆迁政策法规，增加补偿内容或提高补偿价格等措施力图保护社区公众利益，但由于政策出台存在时及房地产产品的非标准性和特质性，投资商的非理性行为无法被有效控制，主要体现在：第一，补偿办法和补偿范围不合理。在投资商和社区公众订立拆迁补偿安置协议时，按照现行法规，房屋的定价以及补偿额度应该由双方通过平等谈判来协调解决。但实际操作过程中，开发商出资聘请估价机构，对被拆迁房屋给予估价和所谓的等值赔偿。而旧房的评估价值通常不包含土地出让金、装修设施及材料的价值和其他一些隐形损失等。并且单纯的货币支付无法体现房屋的时间价值和土地的价值，造成社区公众获得补偿款后无法回迁或者买不起同样面积的新房。如上海市何礼明夫妇住了几十年的祖屋，在被以“市政动迁”名义指定为“待拆房屋”搬出后，被装修一新，改头换面，成为上海“新天地”商业广场中的一家酒楼。酒楼平均房租每天每平方米 1 美元，但何礼明夫妇因动迁却只拿到十几万元。第二，在外部不经济的情况下，投资商损害城市公众和社会利益，却不必付出相应的成本。比如投资商一味建高建大来增加土地使用的潜在收益，导致城市的整体形象受损、交通拥堵或城市生态环境恶化等不良后果。这些问题的解决都需要地方政府在利益机制的设计中制定对策去约束投资商盲目追求利润的行为，保障社区公众和投资商绝对平等的合同关系。

三、信息结构与成本

最优机制的设计和运行取决于信息结构。即信息在代理人中的分布情况，以及信息如何能被有效地传递。因此，信息传递的快捷、透明、成本低是构成有效利益机制的重要因素。在信息分散化的条件下，委托人与代理人沟通可能需要支付高额的信息成本。表现为：第一，代理人交易的频繁，包括货币化的和非货币化的交易，显性的和隐性的交易。而委托人由于实际权利已授权而无法控制代理人的交易行为，委托人要对代理人进行有效的监督产生监督成本。第二，在信息传递过程中，由于信息的专业化导致缺乏专业知识的主体理解处理这些信息时难免出现偏差。在信息不对称的条件下，代理人一方如果靠隐匿信息或行为得到的收益大于说实话得到的收益，那么道德风险或者逆向选择便不可避免，产生机会主义行为，并且代理人会持续保持这种信息优势。

在公众和政府的委托代理关系下，分散个人的偏好是不能事先观察和预测的，无法将个人偏好次序总合成社会偏好次序，无法计算出社会福利函数最大化的存在。因此，地方政府在掌握不完全信息的情况下，很难准确地把更新项目带来的公共福利给予那些真正需要的公众。并且，权力持有者（地方政府）均具有较强的动机减少透明度，因为更高的透明度缩小了他们行动的范围，会暴露出渎职与腐败。在他们看来，秘密是一种人为造成的稀缺资源，而且就像大多数人为造成的稀缺一样，它产生了租金，在一些国家中，租金可以通过彻底的腐败（出售信息）而独自占有，在其他情况下，这些租金成了礼物交换的一部分。租金会诱发相关主题的寻租和设租行为。由于地方政府实际上掌握国有土地的所有权，拥有土地使用权的出让权利，所以强化了既得利益集团对开发商干预的各种权力，这种权力设置称之为设租。寻租是指追求凭借权力对资源的垄断而造成涨价的那部分差价收入，即断利润。寻租、设租行为会造成交易成本上升，社会资源浪费。一方面，寻租者需要花费大量精力游说或行贿政府以获得政府的特殊政策或项目。另一方面政府同样要耗费精力以应对寻租者的寻租行为，这大大增加了政府为维持与公众委托代理关系的成本。由于信息成本的存在，作为理性的经济人，代理人和公众在权衡自己的成本和收益时，如果无力承受相对高昂的反腐成本，公众将采取反对或不支持的行为。但在现实生活中，多数人出于“搭便车”的心理，寄希望别人承担成本而自己不劳而获，这更导致公众与信息隔绝而无法参与到城市更新的政策制定和执行监督中来。在制约乏力和利益驱动的双重推力下，公共政策沦为利益集团间讨价妥协的结果，不免成为代表强势利益集团的工具。在现实中，开发商通过行贿官员以缴纳较低的土地转让金，与官员共同分享土地开发带来的资本升值。地方政府则滥用行政权力，违法违规强制拆迁，破坏城市历史文化遗产和生态环境。此外，开发商还常俘获政府规划部门对经营性物业进行超强度开发，而对非收益型物业进行躲避性寻租，这都严重损害了社区公众的合法权益。张波从某大城市规划设计院的调研结果中发现，该规划院 50% 以上的业务总量为对详细规划的调整。而调整中的绝大多数是对地块用途和使用强度的调整，如提高容积率、改变收益用地比例、改变建筑限高、降低公共服务设施用地总量等等。

在地方政府和投资商的委托代理关系下，地方政府的信息严重不足。首先，在政府中不存在指导资源配置的价格，无法充分传递市场信息，难以清晰了解承包商的成本—需求结构。其次，地方政府审计工作所获取的信息非常有限。更重要的是，作为代理人的承包商会凭借信息优势隐匿自身行为获取更多利益，这也意味着地方行政成本的上升。

第三节　利益的公共管理因素分析

一、城市更新现行管理体制中的利益主体缺失

城市更新管理中代表全局利益和长远利益的利益主体的体制性缺失，是城市更新乱像环生的根源之一。城市更新中涉及的利益可以划分为全局利益（即外溢性的超出城市行政区域之外的更大利益，如大气环境和能源）、局部利益（城市范围内的利益）和本位利益（城市中各社会群体利益）；从时段上还可以划分为长远利益即时间上超出本届政府任期乃至更长远的利益（如土地资源、文物古迹、后城市化等问题）、短期利益（一届政府任期内利益）和眼前利益（城市各社会群体在城市更新中即时得到的利益）。本位利益和眼前利益的利益代表主体是城市中的各利益群体、个人或部门；局部利益或短期利益的利益主体是当任的一届城市政府，即一届城市政府履行其职责，维护城市利益和至少是本届政府的短期利益；而全局利益和长远利益的利益主体必然是超越城市局部利益和当前利益的国家。本应是国家层面来代表或维护的全局利益和长远利益，在现实体制下却由任期几年一届的城市政府来代表。这实际上是一届政府既代表本市的局部利益和本届政府的短期利益，又顶替国家层面而代表超出本市本届政府的全局利益和长远利益。城市政府的“行政区行政”，基于单位行政区域界限的刚性约束，城市政府对社会公共事务的管理是在一种切割、闭合和有界的状态下形成的政府治理形态。作为国家行政序列中的一个环节，地方政府在利益上必然向地方倾斜，过分关注辖区经济规模的短期快速扩张；利用信息优势，对自身绩效进行选择性显示，造成人才、资金、技术、信息等生产要素流通阻滞而非最优配置。这在城市资源整合、污染治理、项目投资等方面表现得格外突出。拆什么、建什么、保留什么，实质上是由一届城市政府根据其局部利益和短期利益来决定，超出本市之外的全局利益和本届任期之外的长远利益则必须服从局部利益和短期利益。一些地方政府的“短期行为”，追求短期效应，在事关全局利

益和长远利益的能源节约利用和环境保护方面则表现为消极应付的非理性追求。庇护高耗能企业和污染企业以及在土地利用中的带头违法占地、违法批地，足以说明全局利益和长远利益的利益主体在城市管理体制上缺失。城市更新缺乏全局利益和长远利益的刚性约束。

二、城市更新研究后，评价城市更新的社会共识标准缺乏

目前国内在城市更新方面的研究主要表现为三个方面：一是国内学者对城市更新的研究主要是从纯城市规划和建筑学的角度，关注的多是城市更新的自然形态和物质技术方面，研究者也多是城市规划和建筑学方面的著名建筑专家、规划设计人员和技术专家。在城市更新布局规划、物资形态和技术方面的研究的确取得了巨大进步。二是从公共管理角度，将城市更新作为公共管理的重大现实问题、作为城市管理的重大理论问题和实践来研究尚处于早期起步阶段，即广泛地揭露、描述和批评城市更新中的问题与矛盾，诸如大拆大建、破坏城市文化、抹杀城市特色、伤害弱势群体、政府短期行为、政绩工程等等。至于城市更新的主体，城市更新市场的建立、形成与规范，城市更新的体制和运行机制，城市更新中的利益分配公平尤其是弱势群体的利益保障机制，城市更新中的资源利用效率以及过度拆迁的有效约束机制等重大问题的研究尚没有取得根本性突破，与此相联系的城市更新的重大实践问题尚处于乱象丛生的无序状态。城市更新的一系列重大决策和重大工程实施在科学外表掩盖下的主观随意性与长官意志，可以从城市规划的反复调整中得到印证。在全国很多的城市规划设计单位，三分之二的工作量是从事与城市规划调整相关的工作。三是公共管理实践和社会公众对城市更新的评价尚没有形成科学标准和基本共识。理论研究和管理理念的滞后，致使整个社会尚缺乏城市更新评价的科学共识标准。在现有决策体制下，没有明确的社会公认的科学评价标准，城市更新在很大程度上必然取决于主要决策者的主观意愿；城市更新的优劣和效率，主要依赖于决策者个人素质的高低。现实中，城市更新的规模、时序、侧重点等往往受到城市高层管理者自己的认识程度、行事作风和工作喜好的影响，有的喜欢大规模推倒重建，有的喜欢城市传统特色，有的喜欢西方风格，有的喜欢中国古典。这种管理者偏好，可以在很大程度上直接诠释这几年许多城市中城市更新侧重点的不同。

三、政绩成本的隐性化和政绩外部性

行政成本隐性化和行政效应的外部性被忽视是城市更新中政府行为偏差的导向性诱因。任何一届城市政府追求政绩时都会取得成绩并为此付出相应的成本，这种政绩成本有个不容忽视的隐性特点，即政府取得政绩所付出的但没有直接显现出的成本。地方政府在取得政绩的过程中所付出的成本是陆续支出的而且是难以统计的，从分类看，政绩

成本既有经济成本，又有政治、社会、文化成本；从时段上看，政绩成本既有现在付出的，也有透支下届地方政府的；从范围看，既有本辖区付出的，也有辖区以外社会被迫承担的（如大气污染、社会信用环境恶化等）。社会公众和上级政府所能直接看到的仅仅是显性的政绩成本，是被大大缩小了的政绩成本。地方政府为追求政绩而付出的超出本届政府任期的后续成本和超出本届政府辖区的外部成本，是无须本届政府来承担的。这就促使地方政府乐于城市更新“政绩工程”，而且搞起政绩工程来不计成本，不计经济效益和长远后果，造成公共支出成本巨大而效益低下，特别是社会效益低下。

城市政府行政中非本意的“政绩外溢”存在。一届地方政府，如果在行政过程中创造出政绩，很难把政绩效应局限于本辖区和本届任期内，必然会出现政绩外溢现象，惠及或漫延出本辖区和本届任期，形成政绩的“外部性”。这种给下届政府或本辖区以外带来益处的政绩外部性，并不是城市当政者所追求的。作为“理性经济人”的地方政府，所追求的是政绩的全部收益，尽可能地实现外溢政绩的“内部化”和政绩收益最大化。因此，在范围和层次上看，一届政府只会注重考虑其辖区内的政绩及其收益；从时段上，一届政府只会注重考虑一时政绩及其收益，超出这一时期的政绩和收益，他们很少考虑或追求。作为扮演“公共性”角色的地方政府，这种短期行为和狭隘政绩观念尽管与其所应当追求的公共理性背道而驰，但实属难免。短期行为和种种地方保护主义行为就是例证。

四、城市更新中的市场主体地位没有确立

我国正处于计划经济向市场经济转型的关键时期，市场化在各个方面正处于攻坚推进阶段。城市更新，相比于其他行业，其市场化程度非常缓慢和严重滞后，城市更新的许多深层次矛盾和问题皆由此而生。城市更新本是一个庞大的拆迁、投资、建设市场，其涉及的利益主体均是这一市场的主体，引入市场经济模式，承认、恢复、明确和坚持参与者的市场主体地位是解决问题的基本前提。但是，就目前来看，城市政府及其部门为了自身的“经济人”利益的实现，仍然冠之以“全局利益”“长远利益”和“政治高度”之名，自觉不自觉地矮化被拆迁居民地位，损害其利益，贬低其行为，不承认平等地位，不愿意平等对待。开发商以势压人，打着服务公共利益的旗号，利用扶持政府部门的经济强势和掌握信息不对称的优势，哄骗、威胁、恫吓弱势的被拆迁群体。一旦这种事实上的不平等交易失败，问题与矛盾不能解决甚至于激化，无论被拆迁户的坚持是否正确合理，政府与开发商转而开始退让，让坚持到最后者多受益。这种非公平、非理性、非规范的行为方式“让老实人吃亏”“花钱买平安”，严重扭曲了本来应当公平交易的城市更新市场。一句话：“钉子户”是城市政府培养出来的，是不良开发商逼出来的，是被拆迁户从实践中学习和总结来的。城市更新中亟待确立市场经济的主体地位。

第四节 城市更新的社会成本概述

城市更新中社会成本—效益分析的理论基础是以经济学的价值理论来评估城市更新的政策、规划方案，建立城市更新安排与规划的成本与效益体系，为整个城市更新过程提供一整套客观与科学的评估工具与方法。

城市更新有必要引进社会成本—效益分析，并且将其作为支持城市更新政策的重要内容之一。在社会成本概念被引入到城市更新后，除了能够对城市更新与规划形成一系列明确的社会成本分析外，还能对城市更新所带来的效益有相对较为明确的认识，并且能在较为明确的前提下对城市更新社会成本总量的控制提出相对科学的分析，这样一来，城市更新过程中的责任与产出、成本与效益才具有合理的依据。

一、城市更新对于居民家庭的冲击

1. 对于新的居住环境的适应

在城市更新中受到冲击比较大的是被拆迁用户与新搬迁用户。在拆迁或搬迁后，居民来到新的小区，新的居住地，带来的首先就是居民对原住小区的熟悉感。原住小区内部生活的归属感与安全感随着搬迁到新的居住地而流失，这种日积月累的心理依赖是一个新的小区在短时期内所无法给予的。在短时期内，受影响的居民受到心理因素的冲击会比较明显，因此必须做好宣传与心理疏导工作，努力提高居民在新的居住环境内的满意度，保证人民生活安定有序。

另外，即使在受城市更新范围内影响的大部分居民的居住条件有所改善，但是新居住地附带的公共基础设施能否满足人们的正常需要还是未知数。随着人们生活水平的日益提高，单纯居住条件与生存条件的改善显然已经不能满足人们日益提高的生活水平的需要，这就需要娱乐、商业、教育等一系列配套设施的完善。因为这关系到居民对物质生活与精神生活的方方面面的满足，也能够增强居民对小区的满意感，降低经济与心理负担。还有一种情况，新建设的小区如果不是商业住宅，例如保障性住房等，那么在地理位置的选择、交通条件等方面都与商品住宅区存在着很大的差距。城市更新还会带来就业岗位与就业结构的变化。例如，“让更多农民转变为市民”被认为是一种一劳永逸解决三农问题的捷径。

2. 对于家庭结构及家庭关系的影响

一方面，家庭作为每个人所处时间最长的成长环境以及作为家庭成员之间沟通联系纽带的作用无须赘言。一个良好的家庭应该是为家庭成员提供相互之间交流与沟通的平台，营造互助和谐、相亲相爱的氛围。但是在城市更新过程中尤其是居民家庭在拆迁过程中，家庭成员之间往往对于搬迁补偿等问题的沟通不畅，导致了家庭作为感情纽带作用的破坏，严重地削弱了家庭的社会功能。居民回迁后，拆迁补偿所得与贷款买房之间的矛盾加剧了家庭的经济压力，为了缓解家庭的经济负担，家庭成员在工作中与生活中都会发生不同程度的变化，这种变化在人际关系方面以及对老人的赡养等问题上表现得尤为明显。

另一方面，城市更新造成了家庭社会功能的削弱。家庭作为社会的细胞，在教育功能与维护社会稳定的方面起着十分重要的作用。家庭是人们成长与生活的场所，是人们倾注时间最长、投入精力最多的地方，俗语有言："家是心灵的港湾"。在拆迁及搬迁过程中以及重新定居后，对孩子的照顾与教育是个大问题。在拆迁与搬迁后，随着幼儿园学校等公共教育服务设施与环境的变化，对于孩子的成长环境与教育环境是一次较大的冲击，这种变化往往会造成孩子在适应方面的问题。另外在搬迁与拆迁中，家长对于孩子教育与成长的精力与时间的投入会因为各种因素的影响而分散，会对孩子以后的成长产生重要的影响。

千千万万家庭的和谐是社会稳定的基础和保障，在城市更新过程中出现的一系列破坏家庭和谐的矛盾，比如家庭成员之间的关系变差，因为交通条件的变化而产生的生活负担及工作压力，由于公共基础设施的变化带来的生活方式的变化等等都会对家庭的稳定与和谐产生消极的破坏作用，进而造成严重的社会问题，带来巨大的社会成本。

3. 对于生活方式与生活质量的改变

在城市更新中由于身份的变化所带来的影响是不可估量的。在城市更新的决策过程中，作为利益主体之一的城市居民往往处于劣势地位，在很多情况下由于政府与开发商的强势，造成了信息在各主体之间不对称的情况。由于受到影响的居民所掌握的信息不足，加上客观生存条件的变化等等，给日常生活造成了额外的成本。另外，由家庭住址的变化所引起的一系列变化以及经济补偿不能弥补拆迁后新生活所导致的生活质量的下降就变得顺理成章了。在当前社会保障体系还不甚完善的情况下，城市更新对于城市居民生存与发展的威胁是巨大的，也是由于这种对于未来的不安全感才导致了在城市更新中不断出现的对抗事件。

二、城市更新对于社区组织层次的冲击

1. 产生邻里重建成本

社区中的人们会自发组织社区活动，形成自己独特的社区文化与邻里关系纽带。城市更新是一项系统的长期的工程，在此过程中会产生各种各样的矛盾。在原来的社区内部数十年日积月累才形成的稳固的情感纽带会随着城市更新的到来而土崩瓦解。由于拆

迁引发的居民之间利益的冲突，对于新的居住环境内的优越资源的争夺以及原有的生活秩序的变更，都可能导致邻里之间信任的流失。大多数情况下，城市更新意味着城市居民保持的原有地缘关系的瓦解，在各自分散到新的环境后，在陌生的环境内，邻里相互之间的不熟悉可能造成新的邻里关系的疏远甚至是冷漠、敌对。事实上，大部分居民都表达出对于原有邻里关系的留恋。但是不管怎样，原先和睦稳定的邻里关系以及居民长期在原住社区内形成的归属感都会受到很大的影响。在新的社区，要真正地发掘和了解身边的邻居，增进邻里之间的相互了解，融入社区大生活，打破邻里间心理障碍，重建邻里之间和睦融洽的关系，不仅要耗费巨大的精力，而且需要长时间的积累与沉淀。

2. 对相对弱势群体的冲击

城市更新对于老年人群体以及青少年群体冲击尤为明显。对于青少年而言，城市更新的影响主要体现在其教育与成长的过程上。城市更新的过程对于家长、家庭的影响都会在很大程度上反映到青少年的成长上。青少年群体的成长需要一个稳定有序的生活环境，青少年成长时期与外界的交流以及家庭内部对于青少年群体成长的关注都会在城市更新的过程中或是由于家庭变迁的压力，或是因城市更新所带来的生活环境的变化而有所改变，因此，如何在青少年成长的关键时期给予青少年健康成长的保障是至关重要的，因为这不仅事关当前青少年的成长与教育，而且会影响青少年日后走上社会的道路。而对于老年人群体，这种身份角色的变化所带来的不适应，则尤其明显。

3. 弱化社区认同感、降低社区功能

在城市更新的推动作用下，各种形形色色的社区纷纷成立与建设起来。社区建设的本质是要提升社区归属感、提高居民的社区参与度、发展社区民间组织、完善社区基层组织、改善社区基础设施、提供众多社区服务、加强社区安全保障、促进邻里关系和谐、增强社区依赖度等，只有这样，社区才能继“单位制”之后，担负起对城市居民的组织和管理功能，才能对市场经济、城市管理和社会稳定产生作用，以实现基层社会的和谐稳定。社区发展就具有了双重的意义，一方面，它作为政府应对社会问题的手段，通过对特定街区、村落提供公共服务，满足那些在现代社会转型过程中失落的人们的需求；另一方面，它通过特定街区、村落成员参与本社区的公共事务，创新的共同体和共同价值，形成人们的精神生活和社会交往，还人们本应有的人类生活方式和人生内涵。

但是现实情况是，城市更新不仅在摧毁着城市的传统社区，而且在新的社区内要实现这种社区本质的重建需要付出巨大的代价。同时，在新的社区形成时，对于传统社区功能的破坏是显而易见的。邻里之间的“熟人世界”的相互支持功能消失殆尽，俗话说：“远亲不如近邻”。在陌生的生存环境下，社区内部到处透露着陌生与距离感，邻里之间相互的信任感与安全感不见了，在生活中互帮互助、相亲相爱，共同解决生活的困难，共同保障社区治安的场景也消失了，毫无疑问这是邻里之间的损失。另外，随着新社区的建立，原先属于不同地区、分布在不同行业的人群由于城市更新的作用而汇聚到了一起。这种不同文化背景和生活背景下所带来的异质性很容易造成人们之间的心理隔窗。居民之间交流日益减少，基本上排除了邻里之间深度交往的可能性。人与人之间不再相互信任，不再互通有无，甚至是相互提防，对于社区居民的社会化生活是一种极大的伤害。

社区控制功能主要体现在社区无形存在的对于社会的整体控制之上。在传统社区内，在社区精神与社区文化的熏陶下，邻里之间的监督与约束既自觉又普遍。这种潜移默化的力量对于社区的整合与稳定具有重要作用，同时还有利于减小社区管理的障碍，推动社区的发展。在新社区模式下，社区控制功能也在很大程度上减弱。

4. 增加社会心理成本与道德成本

我国城市更新的模式是由政府主导的，由政府主导城市更新方案的设计与规划，执行城市更新决策的选择与实施，并且选择具体执行城市更新方案的开发商。在这种情况下，城市居民作为相对利益主体中相对弱势的一方，在城市更新过程中所获得的利益与所负担的成本是不对称的，由于这种成本—收益比所产生的社会心理负担是难以用单纯的经济数字所衡量的。

在市场经济条件下，每个个人或者经济组织都是以“理性经济人”的面貌出现的。在城市更新过程中，每个人所面对的标准不同，要求不同，所面临的选择也会由于地域的差异而不尽相同。当面临着拆迁资金的补偿不足，或者政府部门所宣传的城市更新的目标难以达到心理预期时，或者跟政府宣传的初始愿望不一致时，便会出现一系列的矛盾，甚至是剥夺感和欺骗感。比如，政府部门或者是开发商为了追求更新方案实施的进度或者便于城市更新顺利实施时，所作出的宣传与许诺往往都是过于美好和高尚的。在这种情况下，被更新居民的心理预期是同一种理想化的愿景相一致的，但是在实际的操作过程中，或是因为政府决策的失误，或者是由于政府政策执行的不顺畅，或是由于政府在城市更新过程中进行的“寻租”行为，变身“超级企业”所造成的政府在城市更新中的行为成为单纯的趋利行为，给居民造成严重的剥夺感与欺骗感。这种状况在政府与资本的结盟中，体现得尤为明显：用美好的诺言千方百计地将居民欺骗以便谋取自身利益的最大化，到头来给居民造成巨大的伤害。

城市更新中的“绅士化”现象造成的贫富社区的分化所带来的人们对贫民区与富人区的比较，使得相对剥夺感逐渐增强，并产生指向富人群体的不满与牢骚。在城市中原先由低收入阶层居住的社区在城市更新中被中高收入阶层的移入所取代，同时中高收入阶层的迁入，导致所要居住社区范围内的社会经济身份地位的提升、街区物质景观和商业环境等服务设施的改善，但是，随之而来的房屋价格和生活费用的上涨使原住居民被迫迁居。城市更新对于资源分配的影响，使得富人社区拥有更多的话语权，可以追逐更多的资源，享受到各种优惠政策，使用的基础设施也明显高于一般水平。社会道德标准是以维护社会的正常运转为目的。城市更新中，社会资源与财富的重新分配不均匀，加上个人为追求自身利益最大化，引发了一系列的社会道德问题，包括诚信的缺失，私欲的膨胀，过度的投机心理，官场的腐败，权力寻租。由城市更新所引起的社会道德危机会使我们在城市更新与城市现代化过程中付出更高的代价与成本。

5. 破坏城市传统历史文化，即历史文脉消失

《威尼斯宪章》提出："世世代代人民的历史文化建筑，包括从过去年月传下来的信息，是人民千百年传统的活的见证。……大家承认，为子孙后代而妥善地保护他们是我们的共同责任。我们必须一点不走样地把他们的全部信息传下去。"当前我国城市更新与规划一方面趋同化现象严重，城市的更新与城市的建设一味地追求"国际化"，使城市失去原本的多样性。另一方面，城市更新中存在着大量破坏传统历史文化的现象。城市应该是多元文化的复合与交汇的地方，传统的历史文化是一座城市的底蕴和气质，一所城市的文化遗产是一种宝贵的资源。首先，悠久的传统与历史是一座城市历史与文明长期积淀的结果，是城市居民认识历史与了解自身的工具，可以作为一座城市的名片，例如一提到泉城，人们都会想到济南悠久的泉文化。其次，丰富的历史文化资源也能够带来巨大的旅游效益与经济效益。现代经济的高速发展时期也是历史文化遗迹的保护与城市开发的矛盾尖锐期，在我们国家的城市更新中还存在着大量的肆意破坏历史文化古迹的行为，反观西方国家的历史文化古迹保护则十分完备。失去了文明的象征，对于人们的民族自豪感与自信心方面的打击是不可估量的，对传统历史文化古迹保护不力，将会带来沉重的社会成本。

三、城市更新对于社会的冲击

1. 对于社会阶层的影响

改革开放以来，我国在经济、社会、文化等方面都驶入了快车道，在多种因素的影响下，我国的社会阶层结构也发生了潜移默化的影响。在计划经济时代终结后，随着大刀阔斧的改革与市场经济的迅速发展，人们的经济收入水平显著提高，但是，市场经济条件下对于经济利益的过分强调也造成了当前我国社会过大的贫富差距。在很长一段时期内，我国的分配政策以及分配的不公平很大程度上对社会结构的失衡也起到了推波助澜的作用。

在城市更新中，大量的"驱贫引富"现象存在，导致社会阶层进一步分化。城市更新过程意味着城市社会财富及资源的一次重新洗牌和重新分配。开发商的趋利动机、政府通过城市更新过程转嫁政府成本或者进行权力"寻租"等行为都会使社会财富在社会各阶层之间的分配更加不公平，造成富人群体在城市更新中获取更多的利益而穷人群体则无力承受高额的负担。一般而言，动迁居民往往会成为最后的牺牲品与买单者。在城市更新过程中，城市居民不得不为城市更新所付出的巨大的社会成本买单，但是既得利益却被无情地瓜分。为城市更新所新建的小区往往会被标注高额房价。对于受影响最大

的原住小区的居民，虽然可以得到一笔安家费，但是在回迁时这笔钱往往只够缴纳新房的贷款，导致原本生活还算富裕的家庭因此走向困境，“因拆致贫”引起的社会阶层的改变是显而易见的，造成巨大的社会贫富分化成本。

2. 对于城市本身的影响——主体失位造成城市更新功能滞后

（1）城市更新社会成本形成的一个重要原因是政府不履行城市更新的社会责任给城市所造成的机会损失。城市更新中，由于政府的失位，城市规划的作用引导与规范作用没有体现，相反出现很多破坏城市更新过程，延误城市更新规划的问题。政府各个职能部门之间的推读扯皮增加了决策的负担，政府为了追逐利益，人为地造成了许多困难，激发了各个城市更新参与主体之间的矛盾与纠纷。以上种种，对于城市更新的后效果明显，长远来看会影响城市自身的发展与定位。

（2）形成的自然资源成本。城市的生存与发展离不开自然资源的支持，城市更新的顺利进行需要自然资源的充足供应才能够持续进行。然而，在我国当前进行的城市更新中，决策者大多数还是采取传统的、粗放型的城市更新方式，一方面，在更新模式上采取的依然是大拆大建，为了城市更新将原先的小区或城市面貌毫无保留地推倒重建；另一方面，为了实现城市的经济增长指标，不惜在城市的建筑尚未达到更新要求时进行无谓的重复更新。随着城市的发展与城市更新的深入，自然资源的消耗也将进一步加大，而这种资源消耗大、效率低的更新方式不仅对城市的特色是一种破坏，同时也造成了一系列严重的自然资源成本。

（3）产生的人力资源成本。一方面，城市更新需要巨大的人力资源成本来支撑整个更新过程的运行和实施，诸如专门城市规划人才的招揽，城市规划的决策及实施人员的培训等等。但是往往也是由于城市更新人力资源本身所附带的这个特性，在很多情况下，却造成了巨大的人力资本的低效率与浪费。首先，在政府部门的更新决策选择与城市规划过程中存在着普遍的人员过剩。一方面，对于城市更新的评估与工作不到位；另一方面，人浮于事，工作效率低下。其次，对于城市更新的规划选择以及在城市规划方案的修改方面，随意性比较大，而且往往是以政府官员的意志为准。这样，不仅城市规划方案的科学性难以得到保证，所请的专家学者所付出的努力也付诸东流，难以做到人尽其才。在城市更新运行过程中的变更容易使前面工作成为无用功。再次，在城市更新过程中，各部门之间的人员流动不畅，人力资源难以达到最优配置。城市更新涉及城市生活的方方面面，诸如社会保障、城市规划、交通、文化保护等等。但现实情况是，各部门各自为政，部门之间人员的交流与流动极为稀少，城市规划方案的全面性与可行性在实施过程中的缺陷就会显现出来。另外，随着市场经济体制改革的深入，以前在计划经济体制下的隐性成本逐渐地显性化，带来了严重的社会问题。

3. 对于政府的影响——政府形象的损害与政府公信力的缺失

政府在城市更新中担当的角色是极为关键的。政府形象以及政府公信力作为政府的一种“软实力”，对政府政策的选择以及实施都有着极为重要的意义，是政府获取基层人民群众支持和建立“合法性”的重要途径。只有在良好的政府形象和政府公信力的感召与影响下，人民才会在政策的制定与实施时响应政府，支持政府。但是在经济利益的驱动下，政府虽然名义上是公共利益的代表，但是实际上却是作为市场主体出现，政府所进行的一些政策选择与政策的指向不是为了造福民生为人民谋福利，而是走向了唯利是图、满足某个部门或者是权力拥有者个人利益的道路。在城市更新项目的招标过程中，政府官员的行贿受贿、权力寻租行为比比皆是。权钱交易，政治权力介入经济活动不仅是对公共利益的侵害更是对于政府自身形象与公信力的一种自残。

另外，由于政府决策的失误以及政府行为的过失，也都在增加着政府的社会成本。缪勒在《公共选择理论》一书中指出：“当提供可度量的产出时，政府官像机构要比私人企业花费更高的单位成本。”有时候，随着新一届城市政府领导班子的成立，为了在任期内获得不俗的“政绩”，在没有科学合理城市更新的评估与规划的情况下就进行盲目的更新与建设。这种城市更新与其说是为了城市的发展不如说是为了“更新”而进行更新。在这种观念的影响下，政府的公信力也是一再降低，不仅从资源层面来说造成巨大的浪费，更是造成了政府对于更新地区人民生活的不负责任和失信。对于政府来讲，要想重建在城市更新中所失去的政府形象和公信力，道路既漫长又艰巨。

4. 对于城市空间结构与产业结构的影响

在西方国家，城市更新对于城市空间结构的影响方面，影响较大的是城市结构的“同心圆”假说。该理论是20世纪20年代美国学者伯吉斯（E.W.Burgess）建立的关于城市分区问题的一个图解模型。该分区假设模型说明，各种产业根据从市中心向外距离逐渐增大的每个分区中的集中程度，按照下列次序分类：（1）中心商业区产业：百货商店、时笔品商店、办公大楼、俱乐部、银行、旅馆、剧院、博物馆和各种组织机构总部。（2）批发业。（3）贫民区住宅（位于一个衰落区，有商业和轻工业从城市中心方向侵入）。（4）中等收入产业工人住宅。（5）上等收入独门独院住宅。（6）上等收入城郊往返上下班者住宅。该图解模型以20世纪20年代流行的城市土地利用结构的经验观察为基础，并以动态模型提出。伯吉斯假设认为，这些土地利用区的顺序不会变，但随着城市的发展，每个分区必然向外扩展并推移，侵入下一个分区，造成一个一个过渡区。伯吉斯模型提出了城市土地利用以区位类型相区别的一种基本分类方法，至今仍有实用意义。然而中国的城市更新过程中，贫困人群日益被分散到了郊区，城市中心聚集了大量的中高收入人群，使得城市中心过多地聚集了商业、文化、交通等服务密集区，给城市中心区造成了巨大的压力，造成各种城市功能的拥挤和冲突。然而在郊区，由于各种基础设施不健全，人们的经济与时间成本较大，生活压力骤增。这种不符合市场资源配置的城市空间结构所产生的社会成本负面影响巨大。城市更新对于产业结构的影响表现在，房地产的巨额利润极大地刺激了房地产商与政府投入城市更新的热情，在中国这两年轰轰烈烈的房地产经济以及持续上升的高房价便是最好的证明。利益的驱动使得房地产产业的泡沫逐渐增大，虽然在一定时期内对于国民经济的助推作用明显，但是长此以往，房地产产业的泡沫必然会对产业结构产生严重的冲击。一旦房地产泡沫破裂，对于众多产业都会产生比较明显的影响，例如原材料市场以及销售市场的波动。

第五节 城市更新社会成本产生的原因分析

在城市更新过程中，由于多种因素交织在一起相互作用，因此，产生社会成本的原因也是复杂多样的。

一、城市自身发展的驱动力

1. 城市化是产生城市更新社会成本的内在动因

城市更新的发展离不开城市化的推动力。城市化作为城市发展的必然阶段，与其推动城市更新的结果一样，在城市更新过程中，城市更新作为城市化的“收益”手段，必然要伴随着城市化所带来的成本。城市更新在很大程度上可以说是出于对城市长远发展的一种投资，为了达到城市进步的最终目的，必须进行必要的更新成本的投入。这种城市更新中成本的投入突出地体现在经济、社会发展与环境保护的利益冲突之上。例如，许多城市为满足城市经济与社会的优先发展，宁愿以环境污染和生态环境破坏为代价。

2. 为城市的发展所追求的公共利益也需付出社会代价

政府在城市的扩张与发展过程中通过为城市居民提供相应的公共产品和公共服务来满足广大人民群众的需要。虽然本质上是为了公共利益，但是在此过程中会产生巨大的自然资源损耗以及承担环境污染的损失。这种社会代价往往也被算作城市发展的资源损耗成本以及生态环境成本。

二、政府的功能与角色定位失误

1. 政府角色的混乱

政府在城市更新过程中既是“裁判员”又是“运动员”，既是“规划者”又是“组织者”。在众多的角色中，有些是政府应当和必须承担的，有些则是政府对于自身角色的定位不清而不应过多干预和承担的。政府，作为一种特殊的社会组织，是全体人民公共利益的代表，政府应该承担的主要是组织和管理社会的职能。政府面对如此多的角色不仅会使自身功能认识不清，而且会在众多的事务中疲于应付，迷失了原有的本质。

2. 政府的职能在很大程度上决定了政府的社会成本

虽然原则上政府只承担其相应的职能，但是在城市更新的过程中，政府往往变身超级企业，很大程度上左右了政府的意志，背离政府的原始意愿，在现实管理中由于政府成本的公共性，造成政府的社会成本转嫁到企业与民众身上。同时，因为政府成本的公共性以及政府产品的非排他性，使得“搭便车”现象普遍存在，影响正常的经济活动秩序，导致社会成本总量的增加。

3. 政府的决策成本

政府关于城市更新的决策对城市更新过程自始至终都产生着巨大的影响。政府是城市更新决策的主体，公共政策的制定深受政府各级决策者的影响。公共政策的决策过程需要耗费大量的时间和精力去调节、平衡各方利益主体的需求，在各种压力与权力的交错博弈之下，决策的最优很难得到保证。另外，政府在决策过程中的弊端，给寻租行为提供了便利。政府与民争利，以理性经济人的面貌出现，没有履行作为公共利益代表的责任与义务。

三、经济利益的驱动

城市更新的过程绝对不能忽视市场经济的驱动作用。经济组织主体在城市更新中起着巨大的作用，不论是在更新资本的筹集还是在城市更新规划的具体实施过程中。随着市场经济观念的深入人心，广大人民的市场经济意识也在增强，人们看问题的方式因此也更多地集中到了关系到自身相关利益的事情上。城市更新涉及广大基层群众最基本的生存利益，因此在城市更新中人民维护自身利益的意志也更加强烈。虽然长期处于弱势地位，但是由于在某些极端情况如接连出现的暴力拆迁、强制拆迁的刺激下，造成了被拆迁户与开发商与政府对峙，矛盾加深的状况。

在市场经济条件下，开发商的经济活动是以盈利为目的来开展的。企业的社会成本也具有难以计量的特性，而且包含很多比较主观的东西。在城市更新中的经济组织的成本就包括如质量成本与消费者的认可，楼房的坚固程度与人民的认可、满意度等一些不好用准确的方法加以计量的成本。而且，在大多数情况下，让企业承担他们外部性所造成的社会成本，企业是非自愿的。在这种情况下，如何最大限度地将成本转嫁到社会或者是居民身上也就成了企业的必然选择。

四、城市居民长期形成的“弱势”地位

1. 缺少相应的保障机制

正是各种保障机制的缺失，使得城市居民在城市更新过程中形成了不安全甚至是抵制心理。社会保障体系的不完善造成了公民对于更新以后生活的不自信。在未来无法

得到保障的情况下，破坏现有的生存状况，城市更新对居民的影响效果显而易见。而法律体系的不完善使得被影响居民在权益得到侵害后找不到相应的渠道来维护自己的权益。

2. 公民“主体意识”的薄弱与话语权的缺失

城市居民在重大的事件或经济活动中往往以个人的形象出现，虽然随着市场经济的发展，公民的权利意识逐渐增强，但是本身公民主体意识淡薄的缺陷使其无法实现对于自身利益的维护，公民的“去组织化”造成了其弱小的力量难以受到关注，也造成了话语权的缺失。

3. 为民争权的渠道与平台的缺失

在我国，社区组织是随着市场经济的发展而逐渐发展起来的，与西方发达国家相比，我国社区组织的基础还比较薄弱，在很多方面还不是很完善。另外，社区居民对于参与社区组织的积极性不是很高。另外，我国政府部门为广大居民设立的维权平台也存在严重的不足。城市居民在维护权益时往往无处申诉，久而久之就会积累成一种沉重的社会负担。

第六节　城市更新的社会成本控制

科斯在《社会成本问题》中为我们合理解决市场经济的外部性问题提出了一条非常有启发的思路：解决外部性问题的根本出发点是促进资源利用效率的最大化，而不是片面地对造成外部性的当事人进行处罚。通过城市更新社会成本的核算，促使城市更新参与主体合理利用社会资源、改善居民生存环境，达到减少和控制社会成本发生，从而提高社会整体效益的目的。城市更新中社会成本的控制体现的是政府、社会外在的制约与经济主体自主约束的有效结合。

一、微观社会成本控制

1. 社会成本观念

改革开放以来，在注重经济发展的大环境背景下，在社会生活中形成了过度强调个体的观念，在经济发展的助力下使得“理性经济人”的意识逐渐增强。经济个体在做出行为选择时都是以收益最大化为目标的，当然在追逐利益的同时考虑如何降低和缩小成本就成为经济行为的必然，随之而来的是建立在个体经济组织基础之上的个体成本观念的深入人心。但是，随着社会的日益发展，整个社会所凸显的社会问题与危机使得社会成本的研究与关注具有不可避免性。随着可持续发展观念的提出，也深刻暴露了当前社会的发展所面临的诸如生态环境保护、能源、失业、社会道德沦丧等一系列问题。我们必须对社会成本给予足够的重视，否则会对整个社会的长远发展造成严重的后果。

试想一下，在没有“社会成本”概念的社会里，各种企业只会站在自身盈利的立场之上安排和计划其生产与经营活动，而置其经济活动对于整个社会所造成的外部结果于不顾。明显的例子就是在当前的经济生活中，大批的企业缺少相应的社会责任感，一味地追求本企业经济效益的增长，忽略了在企业效益的增长下隐匿的污染问题、企业责任感与企业文化的缺失、员工的心理负担等深层次成本。同样，在城市更新中，企业若只顾一己私利而置广大人民群众的利益于不顾的话，最终只会造成人民群众的强烈反抗，这样一来反而会造成社会成本的增加。政府若缺少社会成本的意识，只会造成政策上的盲目以及在资源调配过程中的低效率和浪费。

总之，社会成本观念的缺失导致了很大一部分经济活动行为的非理性。社会的发展决定了社会成本观念的形成与发展，反之，社会成本观念的发展与推广也会推动社会整体效益的提升。

2. 科学合理的城市更新决策与规划

城市更新的决策与规划的科学性、合理性、合法性关乎城市更新的规划阶段、实施阶段、善后阶段的社会成本控制。

城市更新的规划与决策的选择直接关系到城市更新的有效性与整个城市更新过程所带来的城市更新成本的大小。因此，要充分地认识到城市更新规划与决策的重要性，在城市更新之前进行科学系统的评估，邀请专家学者对于城市更新方案进行专业化的论证，评估城市更新过程所产生的社会成本与社会效益，既要考虑个人及家庭层次的承受力，又要考虑邻里社区层次的重建成本，还要考虑城市更新对于城市空间、社会分化及政府成本的影响。一套完整的城市规划方案不仅需要采取科学的规划方法，还需要倾听广大人民群众的意见。

公众参与政策的制定与选择过程，需要注意以下几个方面：

首先，要把握好城市居民参与的程度，一方面城市更新规划与方案的制定必须倾听民意，城市规划要站在人民的立场上进行规划方案的设计，充分尊重城市社区的地区环境与人文环境。另一方面，又要控制人民参与的成本。城市更新方案的设计需要耗费大量的时间成本与信息成本，但是城市规划方案的设计并不是无限制的，要在尽量低的成本的前提下保证城市规划方案的科学性和理性。

其次，城市更新过程关系到每一个社会成员切身的利益，而且在城市更新过程中不可避免地包含着利益的再分配。把作为城市更新利益相关者的广大公众排除在政策选择的决策之外，只是让一小部分人对城市更新的政策进行选择，进行利益的重新分配，必然会危及城市更新政策以及城市更新方案的公正性和公平性。

扩大广大人民群众参与城市更新决策的广度与深度不仅可以保证城市更新的顺利进

行，而且在像拆迁等一些城市更新矛盾比较突出的问题上，会大幅度降低解决问题的成本。

最后，建立完善的社会保障体系。改革开放以来，随着市场经济改革的深入，在经济发展取得巨大成果的同时，社会经济利益这块“大蛋糕”的分配失衡现象也越来越严重，在社会内部造成不安定的因素越来越多，对于社会稳定的干扰以及城市更新的顺利进行也造成了越来越大的影响，带来了巨大的社会成本。市场经济主张市场对于资源的基础性配置作用，随着计划经济时代的告别，政府应该将其主要精力由配置资源、控制市场转移到为市场经济活动创造公平、有利的外部环境以及利用必要的行政手段来避免与克服市场经济可能产生的不良后果上。

城市更新作为对于城市资源重新洗牌与分配的过程，对于在城市更新中受到较大冲击的社会成员和群体，如失业者、贫困人口、退休者、老年人群等，房地产商、开发商要进行经济方面的赔偿，另外，政府作为公共组织的代表，理所当然要承担起扶助、救济受到冲击居民的责任。政府应当通过建立完善的社会保障体系，向这部分人提供社会保障，让城市居民充分享受到城市更新带来的效果。在城市更新中发生暴力拆迁、强制拆迁的原因就是这些受影响居民在城市更新后失去了基本的生存条件与生活保障，因此，对于受到影响的居民必须在城市更新的事前、事中、事后都做出妥善、系统的安排，避免因城市更新而带来的失去原先的生存条件与增加额外的生活压力的后果。这样一来，既能缓和社会中日趋明显的贫富差距，又为城市更新的顺利进行创造了良好的外部环境，既有利于城市更新成本的降低，又有利于整个社会价值的统一，使社会的凝聚力增强。

二、宏观社会成本控制

1. 经济、生态、社会的协调发展

社会是一个由多种因素组成的有机系统，多种因素和谐相处、相互协调才能共赢。否则，对于社会上任何一方面的蔑视都会产生巨大的社会成本与代价。在城市更新中，也要坚持科学发展观，做到科学地评估与检测各方面的利益需求，尽量减少社会成本的模糊性，最终达到控制社会成本在可接受范围内的目标。

切实地树立与贯彻以人为本的理念。对公共利益要进行严格的界定与审查，防止政府以所谓“公共利益”为旗号进行的实为侵害广大人民群众利益的城市更新。政府强制拆迁所带来的城市居民的抵制根本上触及了人民生存的底线。城市更新也需要重视民生，重视人民群众的切身利益，排除“官商勾结”坑害人民群众的事件发生。

2. 完善市场经济体制，保障居民的市场主体地位

城市更新中包含了大量的经济活动，通过市场经济体制的法制化、规范化，减少因机制的漏洞带来的交易成本。通过市场调节手段与政府行政手段的配合，减少“搭便车”现象。

降低城市更新社会成本还可以从保障居民的市场主体地位入手，因为只有保障了居民的市场主体地位，才能保障居民在感受到成本大于收益的时候有退出交易的自由，从而使社会成本被控制在可以承受的范围之内。

在市场经济条件下，要转变经济增长方式与经济增长观念。当前的城市决策者沉浸在重复更新所带来的增量财富与虚假繁荣中。当存量财富连续被破坏时，盲目追求增量财富实质上是对资源的极大浪费。而且决策者为了追求在一定时期内政绩的增长，以此作为自己在官场上更进一步的“垫脚石”，往往把城市更新作为见效最快的手段。因此，转变经济增长方式与经济增长的观念，其意义不仅仅体现在经济的发展方式上，也体现在对于社会成本的节约与控制上。同时，需要采取的一项重要措施就是调整政府官员政绩考核的指标，不再惟 GDP 等经济指标是从。要控制社会成本的总量，总量控制是进行社会成本分担与补偿的基本前提，只需通过间接控制某一经济活动的私人成本和外部成本就能起到控制总量的目的。发展循环经济，提高在城市更新过程中自然资源的利用效率，自然环境与社会发展是个有机体，两者相互协调、和谐共处才能全面发展。

3. 严格社会成本评估

设立社会公认而且政府认可的社会机构，监督与激励解决社会成本问题。通过对城市更新中所造成社会成本的评估以及城市更新各参与主体的活动的监督，建立奖励与惩罚机制，实施相应的惩罚与奖励措施。运用现代计量方法与技术，使社会成本尽量在可控制可预测的范围内，保障实施的可能性与科学性。完善控制社会成本的制度机制。成本与收益之间存在着一种逆向关系，即在总产出一定的情况下，成本的增大意味着收益的减少，而收益增加则表明它是由成本节约和成本利用效率提高而带来的结果。对于这一关系的假定和认可，使得个人和企业在追逐利益的驱使下，竭力探寻降低成本和扩大利益的活动路径，进而使自己的行为尽可能倾向于“收益预期大于成本支出”的理性假设。但是也会存在个人或企业进行“成本大于收益”的活动，因为在社会经济领域，始终存在着经济人“搭便车”的现象，所以这里就隐藏着成本被推卸和逃脱，以至转嫁他人和社会的可能。一旦存在这种行为，成本与收益就会脱节，无法体现成本与收益的逆向关系，总产出一定，有的成本被成倍放大，有的收益则会成倍提高！后果是将企业与个人的行为从成本最小化的焦点转移到最大可能地推卸和逃脱的策略上来。

4. 完善法律法规体系

完备的法律保障体系是城市更新顺利进行的保证。在城市更新中，要坚持法律至上的原则、保证执法的公正与公平才能使城市更新中的各种决策行为与经济行为都在正确的轨道上。法律体系的完备要体现在对于多种利益主体在城市更新中的行为都具有规范约束功能，切实地起到保障城市更新顺利运行的作用。

（1）建立企业的社会责任管理制度。企业要承担并履行经济责任，追求经济利益的增长，为国民经济的发展贡献自己的力量。同时，也要承担相应的社会责任，最重要的方面就是在法律方面的自觉与自律。换句话说，企业必须承担双重责任。企业的经济行为在法律的约束范围内自不必说，需要指出的是，在当前的城市更新中，企业需要承担的许多社会责任并没有纳入法律法规的范围内。规范与约束企业的经济行为具有重要的社会成本控制作用，可以防止许多不必要的隐性成本的发生，而企业社会责任的法制化则有利于经济组织在经济活动中寻求正确决策以降低成本，并能站在更广阔的立场上维护整个社会的利益，从而实现社会成本总量的控制。

（2）依法规范政府行为，促进社会公平。为了控制与降低城市更新过程总的社会成本，政府应该从自身做起，在政府内部引入社会成本概念，加强政府部门与人员的“降低社会成本观念”宣传教育，在政府内部树立社会成本意识，提升各级政府官员控制社会成本的责任感。在市场经济条件下，市场的基础性作用毋庸置疑，政府对于市场的干预要坚持适度原则，要有所为有所不为，避免因政府职能模糊，“事倍功半”造成不必要的社会成本。政府还要依法监督与制约各行为主体的行为，明确各主体的社会责任和义务。

依法监督和制约城市更新的决策过程和执行过程。在现实复杂的社会经济环境下，城市更新过程中政府的决策过程要受到很多因素的干扰和影响，不仅仅是来自内部的，来自外部因素的影响往往更大。这就需要政府在制定和执行城市更新政策的过程中，加强法律和制度的规范和制约功能，将城市更新的过程纳入法律约束的程序化中，依法行事，使外部因素对于政策的随机性影响降到最小。当然，建立完善的机制来保障城市更新的顺利运行是必要的，虽然会在短时间内增加一定的成本，但是从长远计，可以避免因缺乏必要的机制保障而给社会带来更大的损失。一方面，扩大决策的群众基础，保证规划方案的科学有效，满足各方利益需求，尽量减少决策失误，在决策完成后，降低政策变更的随意性，最大限度地降低决策成本。另一方面，明确政府职能，降低政府职能的模糊性，规范政府官员的行为，降低政府官员因行为“失常”带来的成本转移，提高政府的工作效率。

（3）建立与完善与城市更新相关的法律法规，做到有法可依。现实情况是在众多的城市更新中所出现的问题甚至找不到相应的法律依据，因此保障受影响者的合法权益就成为一纸空谈。众多的强制拆迁与暴力拆迁，实质上是对宪法与法律中规定的“保护私人财产”精神的漠视与侵害。要将宪法中的精神具体化就要完善相关的法律，如《拆迁法》等等城市更新相关法律的制定与完善，只有这样，当居民在遇到相关问题时，才能找到维护利益的工具，也才能实现对违反法律行为的震慑。

第五章　城市更新中的维护保留与城市公共品

城市更新不是推倒重来，不是彻底拆除和全部重新建设，更不是物理性的割断历史，而是城市有机体的自我发展和自我完善，是城市功能、设施、产业等方面的全面升级，是城市历史的延续。在城市更新中，忽视或缺少了维护与保留，城市就丧失了历史，没有了延续。“在城市更新中最关键、最难处理的就是城市保护问题。城市保护工作往往与近期利益和经济利益、短期的政绩产生尖锐的矛盾，一旦产生冲突往往牺牲的是城市保护，使城市保护工作处于非常艰难和被动的境地。”①城市更新中究竟应该保留什么，维护什么，怎样维护与保留，是衡量城市更新成功与失败的关键标准。某种意义上讲，保留与维护是城市更新的基本内容之一。

城市公共品是城市的基础性要素之一，或者说是城市区别于农村的最显著特征。城市的公共生活的基本运行以及城市居民的日常活动都与城市公共品密切相关。随着社会化的加深和城市的发展，公共品在城市中的作用和影响日益加强，城市公共品已经成为一个城市的最重要的构成要素之一。事实上，在某种意义上讲，城市本身就是一个庞大的公共品集合体或者说是由公共品有机构成的庞大体系。城市道路、排水供水系统、城市照明、城市供气、供暖、供电、城市交通系统、城市各种指示标志、公园、绿地草坪等城市公共品构成了一个城市的骨骼框架。因此，城市更新的大部分内容就是对城市公共品的生产、重置和分配的过程。城市公共品在城市更新过程中是必须首先考虑的重要因素，而城市公共品的配置也是城市更新的重要内容之一。城市公共品在区域上、功能上、内容上以及属性上的合理配置，是衡量城市更新是否科学的关键标志之一。

城市公共品与城市更新密切相关，在研究城市更新问题时必须对城市公共品进行深入探讨，明确两者的关系。首先，城市更新导致城市公共品的重新分配。城市更新是一个重新塑造城市空间、重新配置物质基础设施、重新分配城市利益以及重新整合城市文化的过程，其中很重要的一方面就是对公共品的重新优化配置。而公共品作为城市的重要资源，其本身的重新配置以及由此而带来的一系列影响，会导致城市中各阶层、各群体和各区域之间利益的重新调整和重新分配。从一定意义讲，城市公共品的优化配置过程就是城市更新的过程，在城市更新中要重点关注公共品的配置。其次，城市公共品是城市更新的物质基础，城市公共品配置又是城市更新的重要内容。城市公共品分配的科学性和正义性关系到整个城市更新过程的合理性。城市公共品配置的失衡将会导致人们在享有和使用公共品方面的不公平，会对某些区域和某些阶层市民的利益造成损害。一旦这种利益的损害达到了一定程度，就会阻碍城市更新的顺利进行，将城市更新导向错误的方向，造成城市空间扭曲和社会关系的不公平，从而引发各种社会矛盾、冲突和问题。可以看到，在当前社会中，随着城市更新的进行，由于公共品配置不当，导致了城市诸多棘手的问题，如居住空间分异，贫富悬殊，交通拥堵，拆迁冲突，城市趋同化严重，城市房价过高等。在城市更新过程中，满足城市低收入阶层对最基本公共品的需求是城市更新顺利进行的底线。

第一节　城市更新中的维护功能与内容

综观各国相应古迹保护措施和法令，保护的对象各不相同，但是总体看来主要包括：文物古迹、历史古城、水源、山体、特殊地质构造等具有重要意义的自然保护区，城市发展历史痕迹，城市特色建筑。

一、物质形态与非物质形态的文化保护

历史文化遗产的物质形态是城市个性的载体，有着重要的审美意义，而且有着更深层次的文化意义，承载着一个城市的历史。它不仅可以彰显城市本身特有个性，满足人们对城市历史文化的认同，更有利于提高竞争社会大环境中的城市竞争力。在经济快速发展和城市景观千篇一律、千城一面的现在，作用显得更为重要。城市更新中，尤其是在城市更新历史的早期，人们热衷于不加选择地对城市建筑进行大规模的拆迁重建，造成了城市保护和城市更新的对立和冲突，但随着科学技术的进步以及人类关于城市发展、城市更新和历史文化保护观念的转变，城市更新和历史文化保护的关系正在逐步朝着相互促进的方向转化。事实上，城市保护是城市更新的一种方式，维护城市的名胜古迹、历史文物、城市特色建筑和原有历史风貌是城市更新中的基本内容之一，是城市更新应坚持的主要原则和思路，城市更新必须建立在城市历史文化和历史传统的保护基础之上。

在很多状况下，物质文化遗产与非物质文化遗产是相互依存地附着在一起的。城市的名胜古迹等诸多物质文化遗产以及相附着的非物质文化遗产，是一个城市可以永续利用的有形资产和无形资产，是社会财富中的无价之宝，由此影响甚至塑造了一个城市的传统文化和城市特色，形成了城市不可磨灭的一段历史或一个历史片段。城市的这类有形资产或无形资产，随着整个人类社会国际化发展和历史日益久远而变得更加珍贵，城市更新必须侧重保护这些资产，维护其历史特色。

意大利的威尼斯是一个美丽的水上城市，它建筑在最不可能建造城市的地方——水

上，威尼斯的风情总离不开“水”，蜿蜒的水巷，流动的清波，她就好像一个漂浮在碧波上浪漫的梦，诗情画意久久挥之不去。威尼斯是文化遗产保护的成功范例，它重视场所精神，因地制宜，保持城市个性与特色，威尼斯古迹文物众多，有著名的圣母玛利亚—萨卢特教堂、欧洲乃至“世界最美的广场”——圣马可广场，还有120座教堂、120座钟楼、64座修道院、40座宫殿及多处博物馆、剧院。政府为保护城市独特的文化生态系统，通过科学城市规划和严格的整治有意识地进行干预，同时以法律和物价等手段严格控制游客人数。这些举措有效地最大限度地保护了威尼斯的自然环境和人文环境，实现了社会效益与经济效益的可持续发展。

城市的文脉和特色不是一成不变的，而是随着城市发展不断注入新的内涵或内容，但是只有维护好原有的，保存好历史固有的，才能注入新的发展内容。

西安市已有3000多年的建城历史，无论是唐迁都之前作为都城，还是后来作为王城或者府城，城市更新都伴随着其自身历史的发展和变迁。西安作为世界四大文明古都之一，历史悠久，记载了人类文明发展中的重要内容，并保存了众多历史遗迹。其中包括众多的物质文化遗产和非物质文化遗产。（1）物质文化遗产。包括人类活动遗址类的蓝田猿人遗址、半坡遗址、姜寨遗址、可省庄遗址等；城市遗址类的周丰京、镐京遗址、秦咸阳遗址、汉长安城遗址、隋唐长安城遗址、明西安城等；建筑类遗址包括阿房宫遗址、大明宫遗址、华清宫遗址、兴庆宫遗址、曲江池遗址等；陵墓类遗址包括从周至唐的众多帝后的陵墓遗址，如秦始皇陵、汉武帝的茂陵、唐高宗李治和武则天的乾陵等。（2）非物质文化遗产。已公布的西安市非物质文化遗产共计69项，其中国家级非物质文化遗产2项，而西安鼓乐更被列入世界非物质文化遗产名录。这些非物质文化遗产中包括传统音乐、民间文学、传统舞蹈、传统戏剧、曲艺、传统技艺、传统医药、传统美术和民俗等多个种类。针对西安市历史文化遗产数量众多的现状，政府、民间实际上都在不断努力进行着保护，并在此基础上加以合理开发和利用。

西安市真正意义上的城市更新是从新中国成立后才开始的，进入21世纪后，面对新时期的城市发展要求，西安市在城市总体规划中，围绕城市现代文明与历史文化遗产和谐共生的理念，采取新旧分治的方法，在老城继续实施“唐皇城复兴计划”，以保护和恢复核心区“唐皇城”的历史风貌为前提，整合特色空间、凸显传统格局、营造文化环境，提升和改善城墙内的环境质量。外迁行政中心，疏散居住人口，使其具有鲜明的历史文化特色和充沛的城市活力。在城市更新的背景下，加强对历史文化遗产的保护，就是要使历史文化遗产的保护具有持续的生命力，既保存了人类珍贵的历史记忆，又使其符合社会发展的需求，同时能满足现代人的生活需要。历史文化遗产的保护和城市更新并不一定是一对矛盾体，只要采取适当的措施就能够获得双赢的结果。

城市更新中的保护有以下两种方式，不同方式的采用主要取决于历史文物古迹的自身条件以及对其价值的考量。

1. 全面保护整治

这种保护方式就是对具有重要历史价值的历史街区、重要古迹、历史文物等完全保留，保持其原貌。它是本着尊重历史的原则，主要针对原有城市风貌破坏较轻微的具有重要历史价值的街区和历史文物建筑，以最大限度恢复历史原貌为保护目标，侧重的是“历史原貌”。

2. 更新保护

能够成为城市更新过程中的保护对象，必定经过历史风雨的淘洗，也不可避免地会造成一些历史文物古迹的破坏。为了更好地保护其历史价值，需要一定的修缮和维护，或是保护意义上的内部功能的更新或者外观上的修缮而保存内部功能。侧重的是原貌基础上的“存”。

二、自然环境与生态系统的保护

自然环境和生态的保护，是城市更新的又一重要方面。一个城市的起源和兴起，往往是其经济、地理、环境、生态等多种因素作用而成。依山而建，因水而兴，就势而成，风俗使然，城市长期的自然生长，已经内在地成为其周边自然环境的一个组成部分，形成城市大生态环境的构成因素。城市更新必须维护这种自然环境，保护这种置城市于其中的大生态系统。

在水体的保护方面，九寨沟堪称典范，九寨沟位于四川省阿坝藏族羌族自治州九寨沟县漳扎镇，是白水沟上游白河的支沟，以有九个藏族村寨（又称何药九寨）而得名。九寨沟海拔在2000米以上，遍布原始森林，沟内分布108个湖泊，有“童话世界”之誉。四川省人民政府对九寨沟自然保护和风景名胜区的保护由来已久，九寨沟自然保护和风景名胜由“四川南坪九寨沟自然保护区管理处”统一管理。管理处机构为县局一级，由南坪县政府直接领导，配备管理机构的领导班子。省以林业厅为主，负责统筹协调，城乡建设环境保护厅、外事办公室等有关部门，在各自的业务范围内负责加强业务指导。四川省人民政府采取有效措施，无论是在城市规划或者城市更新过程中，还是平时的保护中，都严禁任何人在区内毁林垦荒、伐薪烧炭、开山石、围海造田、捕杀野生动物、擅自采集植物标本，严格保护区内的地形、地貌、水体、山石、土壤、大气及各种动植物，保持和发扬景观原有特色及山林野趣。

达沃斯位于瑞士兰德瓦瑟河畔，海拔1560米。这里群山环抱，风光旖旎，一条宽阔的中心大街横穿市区，两旁山坡上错落有致地排列着色彩和谐的楼房。达沃斯虽小，却闻名遐迩。通常在每年年初，世界经济论坛都要在这里召开年会，因此世界经济论坛也被称为“达沃斯论坛”，或“冬季达沃斯”，至今已有40年的历史。达沃斯位于一个17公里狭长的山谷里，海拔高达1540米，它是阿尔卑斯山系最高的小镇。在达沃斯，保护重于开发，经济和社会发展中始终突出一个主题：保护。达沃斯在保护山脉方面做出了很大的努力，全面的规划，科学的管理，合理的开发，使得达沃斯成为世界环境保护的典范。

日照市东港区地处沿海，辖区总面积1636.4平方公里。青山、碧海、金沙滩等众多地质地貌景观构成了良好的生态地质环境。近几年来，东港区正确处理资源开发与环境保护的关系，不断加大地质地貌景观保护力度，强化地质环境监管措施，坚持在开发中保护，在保护中开发，使资源开发与环境保护同步协调发展，促进了经济、社会的可持续发展。地质地貌景观和生态地质环境不仅为旅游业等新兴产业提供直接的资源保障，也为经济的可持续发展提供环境支持，日照市确立了建设“生态城市”，打造“绿色名片”的发展战略。为此，东港区及时调整工作思路，把地质环境监督管理作为地矿行政工作的重点，不断加大地质地貌景观保护力度，落实各项工作措施。加大宣传，全面规划，强化监督，对破坏地质地貌环境者严格惩处，使得日照地质地貌景观得到有效的治理和维护。

德国属于欧洲经济与林业最发达的国家之一，城市高度现代化，小城镇星罗棋布，农村森林环抱，公路绿道成网，整个德国在贴近自然理念下，人文与自然融合在一起。城市生态建设成为典范，大量的人文遗产大多分布在城郊、峡谷山顶，建筑与环境被整体保护成为森林旅游名胜区。城市生态建设多样化，注重森林树木的保护，德国城市生态建设模式，以乔木为主体，在近自然理念的指导下，在生态建设中，尊重自然，实现人与自然的和谐发展与完美统一。

第二节 维护中存在的突出问题

一、毁真建假

城市更新方式是一个连续不断的过程，一律推倒重建的简单化倾向不仅浪费资源，同时也会对一个城市的固有生态、历史古迹、人文环境造成破坏。同时，城市更新通过将土地的承载量调整到一个更为合理的适度范围内，优化城区环境，将土地稀缺由简单的供给性稀缺转变为投资性和功能性的稀缺，因此城市更新后，土地的价值也将实现投资性和功能性的增值。采取推倒重来，不切实际地毁坏历史遗迹的方式，所花的代价往往是高昂的，甚至造成难以弥补的巨大损失，原有特色的失去，巨额的花费，留给城市的是永远的遗产。城市历史文化最大的价值在于它的“原生态”。今天看来，像希腊的奥林匹克公园、罗马角斗场等遗迹，充其量是一堆碎石或废墟，但是正是这些在原址上保护下来的历史遗迹，真实地印证了人类文明进步的脚印，照亮了人类文明前行的路程。历史文化名城最大的与众不同之处，就在于它拥有属于自身的独特的历史记忆。假如我们把这些仅有的历史记忆东挪西移或推倒重来，历史文脉就会因为人为的破坏而断裂，城市就有可能成为“失去记忆”的历史名城。

二、修旧如新

对历史文化遗产的“建设性破坏”随处可见，许多历史文化遗产遭到了无情的毁灭。正如法国作家普鲁斯特在《追忆流逝的年华》中所说：“我们所知道的过去已不复存在。”留住记忆可以启发人们去探索适合当地的建筑形式与城市更新的方式，传达与地域文化的沟通。在这种情况下，我们的城市规划要做好历史文化遗产的保护工作。在改造中的历史价值保护方面，代表人物当数著名的亚历山大（C.Alexander）了，其主要观点为：以往大规模形体规划对现有城市采取完全否定的态度，忽视和摧毁了城市历史环境中存在的诸多有价值的东西，不但不经济，反而导致了城市人文环境的丧失，因此改造发展中应当注意保护城市环境中好的部分，对历史保护区的新建筑进行严格的控制，对于历史遗迹进行保存和修复。也许国人真的对此有很大的理解偏差。

最近几年提出过修旧如旧，可是真正落实的没有多少。对文化遗产这样的保护使得现代的人找不到遗迹的感觉，同时也失去了对曾经一段历史的憧憬。雷峰塔原建造在夕照山峰上，位于杭州西湖南岸南屏山日慧峰下净慈寺前，为南屏山向北伸展的余脉，濒湖勃然隆起，林木葱郁。但民间因塔在雷峰之上，均呼之为雷峰塔。清朝前期，雷峰塔以裸露砖砌塔身呈现的残缺美以及与《白蛇传》神话传说的密切关系，成为西湖十景之一，为人津津乐道，连康熙、乾隆二帝也多次前来游览和品题，“雷峰夕照”名闻遐迩。然而，现代的雷峰塔竟然安装上了电梯，这样的历史已经脱离了历史原本应该有的意义。我国在城市更新过程中，要尊重历史，传承文脉，科学合理地利用古城遗迹，保持古迹的原真性，创造独特的地域标识性景观。

三、长官意志主导

高度集权和强势政府的大环境下，长官意志的随意性在近些年的城市更新中不仅没有得到有效遏制和弱化，反而具有愈来愈强烈之势。政府为了短期内突出政绩，一时间，形象工程在全国范围迅速蔓延，据住建部披露，中国 600 多个城市，2 万多个建制镇中，约有五分之一的城镇存在形象工程。东大街是郑州市东大门的主干道，商代古城墙遗址由此横跨。郑州市自 2000 年起，在东大街的南北两侧分别建设了两个上千平方米的市民广场，但是从 2011 年起，两座近百米长、十多米高的“土城墙”正在广场上拔地而起。连日来，脚手架上的工人们紧张地加高打磨这两段“仿古城墙”。这两座“人造”

新城墙的南北两侧，就是绵延六七公里的商代老城墙。3600年过去了，历史风云变幻，沧桑如歌，古城墙的个别地段已满目疮痍，甚至面目全非。一些专家则提醒：国外的许多古城，都在竭力保持城市里千百年流传下来的独特风貌，哪怕破旧不堪也要保护起来，一些古城的老建筑，即便是换一扇窗户，也要进行严格的审核，经有关部门批准后才能更换。重新建造当然是容易的，然而一旦建造起来，想要再恢复从前的古老风貌就难了。人们更关心的其实是遗址的历史含金量究竟有多少。即便人为地推出一大片空地，盖上一堆气势宏伟的人工建筑，再设立些人造景观、宫廷礼仪、游艺项目，搞些景中景，也不过是个结构复杂、规模宏大的复制品，一个头而已。一些关注文物保护的热心市民也表示，我们能够体会到政府在遗址开发与保护方面的良苦用心，但如果搞成了面子工程、形象工程，整个遗址也就丧失了灵魂，甚至造成对后人的误导，那就真的得不偿失了。

四、破坏城市环境和生态

清代中叶时，洞庭湖面积达6000多平方公里，著名的“八百里洞庭”是中国第一大淡水湖。此后，水域不停地受到泥沙的侵犯，20世纪60年代以来，每年经荆江“三口”（松滋、太平、藕池）入湖泥沙约12300万吨，经“四水”（湘江、资水、沅江、澧水）入湖泥沙为3460万吨，合计15800万吨。而在出口城陵矶流回长江的泥沙仅为3800万吨，湖区每年游积12000万吨，上百年的游积，其严重程度可想而知。加上人为的筑堤垦荒影响，现在洞庭湖已缩至2820平方公里，萎缩成“洪水一大片、枯水几条线”的惨景。1949年到1983年的34年间，湖面缩小38%，围湖造田使湖面减少2000万亩，湖水容量减少40%以上。

南澳县是广东省唯一的海岛县，陆地面积112.23平方公里，90%以上是山地，海岛岛屿沿岸水深10米以下的海域达165.7平方公里，是优良鱼类、贝类、藻类的栖息地和繁殖区，旅游资源十分丰富，素有粤海明珠和东方夏威夷之称。然而目前乘船在海上航行40分钟到达南澳岛时看到的却是另一番景象：13根浸泡在大海中的水泥桥墩从码头一直排向大陆；岩石泥土裸露，水土流失严重。离开码头沿海岸向北，只见一处填海工地上大车在不断向海中填倒土石，挖土机正在把一棵棵树木连同泥土一块铲起。这座小山头已被挖掉一半填进了海里。据介绍，这个工程需要挖山600亩，填海300亩。沿着环岛公路，看到了几处这样的填海工程，有的已停工，有的已填好并建设了油库、水泥厂等项目，但都是半截子工程，并没有开工使用，这对城市的整体环境和生态的建设无疑造成了严重的伤害。

第三节 城市公共品的概念及分类

现代城市本身就是一个庞大的公共品体系，形式多样、功能各异，各个方面的公共品交织在一起，构成了城市的骨干、框架和体系。没有公共品，就没有现代城市。

一、城市公共品

1. 公共品

对于“公共品”概念的关注和争论，自从公共生活产生起就一直存在。很多学者和思想家都曾对公共品的概念、特征或思想进行过正式或非正式的论述。从时间和研究程度来看，对公共品概念的研究大体可分为三个阶段。公共品思想的萌芽阶段：以古希腊为例，古希腊哲学家和政治学家以城邦的公共生活作为研究对象，认为城邦公共事物是属于多数人的事物，并讨论了公共事物的特点。可以看到，在这一时期就已经有了对公共品的关注。公共品思想的发展阶段：以英国早期经济学家的研究为代表。他们最早以经济学的视角对公共品进行研究。大卫·休谟（D.Hume）在其著作《人性论》中讨论了公共草地排水问题和“搭便车”行为，而公共草地排水就是典型的公共品，认为只有政府才能有效提供。亚当·斯密（A.Smith）在《国富论》中也认为经济和社会的正常运行需要政府提供必要的支持，政府需要提供国防治安和大型公共项目。休谟和斯密虽然没有明确提出“公共品”概念，也没有将公共品的讨论作为其主要的论述内容。但是，他们从经济学角度对公共事物的思考进一步深化了对公共品思想的理解。以美国经济学家正式提出“公共品”为标志，公共品概念进入了正式提出和认识的逐步统一阶段。美国著名经济学家保罗·萨缪尔森（P.A.Samuelson）发表了著名的论文《公共支出纯理论》，并首次提出了“公共品”的正式定义，即“每个人对这种产品的消费都不会导致其他人对该产品消费的减少”。后来经过马斯格雷夫（R.A.Musgrave）、布坎南（J.M.Buchanan）等众多学者的补充和发展，最终形成了现阶段比较流行的关于公共品概念和分类的理论。当前对公共品概念的界定多以经济学为视角，强调公共品的两个经济学特征，即非排他性和非竞争性。不同学者对公共品定义都以这两个属性为基础，其差别之处在于对这两种属性重要程度的不同解读。因此，从经济学角度来看，公共品可被界定为具有非排他性和非竞争性的物品。其中非排他性是指不能排除任何人使用该公共品，而非竞争性是指增加一个人使用该公共品不会影响其他人对它的使用。而根据其非排他性和非竞争性程度的不同，公共品又可分为纯公共品和准公共品。

然而仅从经济学的角度是无法把握公共品的本质的。公共品作为一个产生和使用于经济、政治、管理多个学科领域的概念，在对其进行概述时必须从更广的角度考虑。很长一段时间，许多学者都是从供给主体方面来界定公共品的概念，公共品被认为是由政府等公共部门提供的物品。然而却忽视了公共品的公共性不是由供给主体决定的，而是由需求和消费主体的公共性决定的。许多公共品的生产和提供并不一定要由政府包揽，市场机制的引入可能会发挥更有效的作用。而一个物品之所以能够称之为公共品是由于它可以满足公共需求，实现公共享用，保障公共利益。只要满足了这一条件，即使供给主体发生变化也不会改变其作为公共品的本质。

公共品概念及其相关理论产生于政治学，发展于经济学，广泛使用于管理学特别是公共管理领域。对公共品的界定要从政治、管理和经济多个角度来进行。因此，公共品是与私人产品相对的社会产品和服务，一般具有消费的非排他性和非竞争性，其根本目的是为了满足公共利益和公共需求，保障社会民众正常的经济、政治、文化和社会活动。重新强调公共品的公共性或本质属性，是由于在城市更新中，公共品的满足公共需求这一本质特征常常被忽视，而政府主导被着重强调。从而经常导致公共利益，尤其是弱势群体的利益受到损害或者导致公共品配置和城市更新的低效率。只有清楚界定了公共品的本质概念，才能保证在城市更新中公共品配置的科学和正义，保证城市更新的合理性，保证我们科学分析的基础和方向。

2. 城市公共品及其特征

城市公共品是公共品的一种，是限于城市范畴内的公共品。公共品从区域范围来看，可以分为全国性公共品、地方性公共品，而地方性公共品可分为城市公共品和农村公共品。而城市作为一个现代国家最重要的构成要素之一，城市公共品在公共品中也占有很大比例，是整个国家公共品的核心部分。城市公共品是针对整个城市范围内的市民而提供的公共品，是为保障城市的经济和社会生活的顺利开展而产生的公共品，有别于全国性公共品和农村公共品。首先，城市公共品与全国性公共品不同。两者关注的重点不同，全国性公共品是以国家所有成员共同的、整体的基本需求为着眼点，其目的是保障公民的基本权利和实现全国范围内的公共利益。而城市公共品关注的是城市内部居民的公共利益和公共需求，既包括对城市居民基本权利的保障和补充，还包括为城市居民提供多元化的公共品，实现城市的多元化的公共需求。其次，城市公共品与农村公共品不同。从需求方面看，城市与农村的经济生产方式、社会生活方式甚至文化理念环境都有较大差别。例如，产业类型方面，农村以第一产业为主，而城市则以第二产业和第三产业为主。从整体上看，城市的特点之一是各种经济和社会发展要素高度集中，农村的特点则是高度分散。以农业为主的农村和以现代服务业为主的城市，对公共品需求的类型不同、功能不同、内容不同、数量不同，城市公共品与农村共品必然会有很大区别。由此可见，城市公共品是城市范围内的公共品，其目的是满足城市内居民的公共利益和需求，保障城市经济和社会生活的正常运行，保证城市的存在和正常发展。

城市公共品作为公共品的一个重要范畴，具有一般公共品的特性，即公共性、非排他性以及非竞争性。而城市公共品作为一种特殊的公共品，又有着其自身的其他特征以区别于其他类型公共品。城市公共品具有区域性，是在一定城市区域内提供的公共品，也只在该区域发挥作用，其他城市的居民由于地理等原因不能或不便于使用该城市的公共品。即使在一个城市内部也需要考虑公共品的区域分配的合理性。城市公共品具有集中性，城市的经济以工业和服务业为主，相对于农村来说，城市的社会化和专业化程度较高，这种经济和社会结构需要大量的公共品作为支持，尤其是城市基础设施的建设。城市公共品是城市很重要的构成部分，城市里集中了大量的公共品。城市公共品具有多元性，城市公共品不仅包括市民的基本需求和基本权利的保障，还包括市民多元化的公共需求，涉及市民生活的方方面面。

随着社会化的进一步发展，城市公共品在城市中所占的比重不断上升，城市公共品的覆盖领域不断扩大，城市公共品的内容和类型不断增加，城市公共品对城市生活和发展的影响力不断增强。从一定程度上讲，城市更新大部分是城市公共品的更新，是对城市公共品的生产、重置和分配的过程。因此，在城市更新过程中必须注意城市公共品的特征，既要保证其公共性的一般特征，又要考虑其区域和多元化的特点，保证城市公共品的配置和城市更新的公平和科学。

二、城市公共品的分类

城市公共品的更新与配置是城市更新的重要内容，是城市更新中需要特别重视的一方面。城市更新出现的很多问题都与城市公共品的配置不当有关。而配置不当的一个很重要的表现就是政府偏重于某些类型公共品的供给，而忽视其他类型公共品的供给，导致公共品供给的失衡。因而有必要对城市公共品做一个科学合理的分类，为城市更新分析和公共品配置的合理性分析提供一定的依据。

1. 一般公共品的分类

对城市公共品的分类基于一般公共品和传统市政管理客体的分类。首先需要探讨一般公共品的分类。

根据是否具有非排他性和非竞争性可将公共品分为纯公共品和准公共品。其中纯公共品是指同时具有非排他性和非竞争性的公共品。即任何人都可以使用且使用时不会产生“拥挤”的公共品，一个人使用该公共品不会阻碍和减少其他人的使用，如国防治安、法律政策、环境保护等。对于此类公共品，由于其外部性效应很强，通常被认为只能由政府等公共部门提供。然而经过很多学者研究，社会中纯公共品较为稀少，绝大部分的公共品都属于准公共品，或称为混合公共品。准公共品是指介于纯公共品与私人物品之间，具有一种特性的公共品，包括“俱乐部产品”和“公共池塘产品”。“俱乐部产品”是具有排他性和非竞争性的公共品，包括自来水、电、煤气、暖气、有线电视等。这些产品由于资源丰富不会产生消费的竞争和拥挤，但是其排他性特征比较明显，可以通过收费来选择消费者并弥补其成本。“公共池塘产品”是具有竞争性和非排他性的公共品，例如公共道路和公园，尤其是上班高峰期时的城市道路和假期时的公园。这些公共品由于具有非排他性，无法把任何消费者排除在外，无法通过价格机制调节消费。而竞争性说明了其资源的有限性，等消费者达到一定程度便会产生拥挤，形成消费的竞争。如城市道路无法排除任何市民使用的权利，而在上班高峰期，由于道路的有限性，可能就会产生拥堵。总体来看，城市公共品大部分属于准公共品。城市更新所涉及的大部分都是对准公共品的配置和更新，因此，在城市更新中，需要更多地考虑不同类型准公共品的不同特性，制定不同的治理策略。

从公共品的形态来看，可分为实物性公共品和非实物性公共品。实物性公共品又称有形公共品，顾名思义，就是指具有实物形态的公共品。如供排水、照明、公共场所、公共道路以及其他公共设施等。非实物性公共品又称无形公共品，指不具有实物形态的公共品。包括制度、政策、法律、文化、国防治安服务及公共管理等公共服务。严格来看，很少有公共品只具有一种形态，更多的公共品兼具两种形态。例如社会保障这一公共品，社会保障补助多是以资金和实物的形式提供，而社会保障的相关政策和法律则属于无形公共品。在城市更新中，更多的时候是对实物性公共品的重新配置，而忽视了对非实物性公共品的更新和发展，尤其是对制度、文化、邻里关系、传统民俗等非实物性公共品的维护、改革、发展和创新不足。对此应给予非实物性公共品更多的关注，保证公共品全面的供给。

从公共品的服务领域来看，可分为经济领域的公共品、社会领域的公共品以及政治领域的公共品。经济领域的公共品服务于城市经济的发展，包括经济政策法律、经济调控和管理以及保障经济秩序和经济活动顺利进行的相关措施和公共设施等，如政府的宏观调控政策、经济补贴和行政处罚等。社会领域的公共品是为了满足社会成员的公共需求，保障社会成员的正常社会生活或提高其生活质量的公共品，如社会保障类公共品、城市基础设施等。政治领域的公共品是保障公民政治权利和政治参与的公共品，主要包括民主政治制度、政治文化、公民参政议政渠道等。传统的城市改造中，在经济导向的时期，经济领域的公共品受到特别的关注。但仅仅关注经济领域公共品的更新和发展，就会导致社会、文化和政治领域的公共品发展不足。经济发展固然重要，但如果公民的社会和政治的基本权利无法保障，就会反过来影响经济的发展。因此，在现阶段，需要特别注意三种类型公共品的协调发展，尤其是重点发展社会和政治的基本公共品，切实保障民生，使普通市民能够分享城市更新和城市发展的成果。

此外，从需求来看，公共品包括基本性公共品和多元化公共品。基本性公共品是社会民众生活所必不可少的、面向全体民众的公共品，多元化公共品是不同社会阶层和不同社会群体所需求的公共品。可见，从不同的角度可以对公共品进行不同的划分。而进行不同视角的划分是为了从不同的方面来考虑公共品的合理配置，从而达到城市更新的科学和公平。

2. 市政管理客体的分类

城市公共品是城市最重要的构成要素之一，随着社会化程度的提高，城市公共品在城市建设和服务中的作用也越来越重要。从一定程度讲，市政管理客体的主要范围也就是包括城市公共事务的城市公共品。因此，在讨论城市公共品分类时有必要考虑市政管理客体的分类。

根据一般的分类，市政管理客体可分为城市基础设施管理、城市经济管理、城市社会管理。城市基础设施是一个城市存在和发展的物质基础，是城市的基本骨骼框架，具有十分重要的意义。它一般包括能源、交通、通信、给排水、照明、环卫、防灾等。其目的是保障城市的正常运行和发展，为市民的经济和社会生活提供物质保障。例如供水、供电、供热、供气、公共交通、排水、污水处理、路灯、道路与桥梁、隧道、场站、市容环境卫生、垃圾处理、园林绿化、救灾防灾、紧急避险等事关城市居民日常生活的物质设施。城市经济管理是包括对城市内市场经济的管理和公共经济的管理，通过相关法律、各种经济政策和经济调节手段对城市经济事务进行管理，保证城市经济的稳定发展。城市社会管理是指对市民基本社会权利的保障和对市民日常社会生活的管理。城市社会管理主要包括城市社会秩序和安全、城市社会保障、城市公共事业等。如果从广泛意义上讲，城市管理的客体还应包括城市规划、城市发展、城市制度环境等方面。

城市公共品是城市管理客体的核心部分，广义上的城市公共品与城市管理客体基本重合。但是两者侧重的角度不同，城市管理客体强调对客体的管理，而城市公共品更强调对目标群体的服务，强调满足市民的需求这一本质特征。城市更新的目的是促进城市的发展，而其终极目的应该是提高市民的生活水平和质量，使市民生活得更加幸福。

3. 城市公共品的分类

根据对公共品的各种分类以及对传统市政管理客体的分类，城市公共品也可以从不同角度分为不同类型。考察当前城市更新过程中出现的问题，最为突出的主要有区域之间发展的不公平、发展经济与发展民生之间的失衡、追求形象工程的误区以及城市文化和制度发展的滞后。因此，为了给城市更新提供一个更为合理的导向和依据，在对公共品和市政管理客体的分类基础上，结合现实问题，还可以从以下几个角度对城市公共品分类进一步延伸。

首先，从目的上来看，可将城市公共品划分为经济类公共品和非经济类公共品。经济类公共品主要是包括促进城市经济发展的法规政策、调控工具以及相关设施和服务，其目的是保障和加快经济的发展。而非经济公共品主要包括公共事业、社会保障、政治参与等相关政策法规、公共设施和公共服务，其目的是保障城市的正常运行、市民的基本权利和日常生活。

其次，根据公共品的表现形式不同，根据我国城市更新畸形发展和城市政府部门追求政绩的去向，可将城市公共品分为显性公共品和隐性公共品。显性公共品是指可以很明显地观察到的公共品，如城市的道路、绿化、大型建筑工程、公共场所以及其他一些地面上的公共设施。其中政府“形象工程”就是典型的显性公共品。隐性公共品是指隐于社会的不易观察到的公共品，如地下排水管网、扶贫、救助弱势群体、农村义务教育等。

最后，根据公共品的形态，可将城市公共品划分为有形公共品和无形公共品。有形公共品包括城市基础设施、公共场所等公共设施。无形公共品则包括政策、法律、制度以及城市文化。

第四节 城市公共品的配置

城市更新的核心内容就是城市公共品的配置，需要在城市更新过程中引起高度重视。城市公共品的配置包括公共品的规划、生产、供给、拆除、重置等过程，通过这一过程，实现公共品在城市不同区域、不同群体、不同阶层之间的分配。正如城市更新一样，城市公共品的配置也涉及配置的主体、客体以及动力机制等要素。现阶段，城市更新中出现了很多问题，这些问题大多数都与公共品配置的相关要素有关，如配置主体的单一化、模糊化；配置客体选择的不平衡、不公平；城市公共品治理方式的随意性、配置和更新动力的不完善等。因此，在城市更新和公共品配置过程中，要注意合理地配置主体、客体以及治理方式。

一、城市公共品的配置主体

城市公共品的配置主体一直以来都是学者讨论的热点问题。从整个社会角度来看，社会治理的主体主要包括三种，第一，国家政府组织（government organisation，GO），也叫公共权力领域，通常叫社会“第一部门”，它们属于政治领域；第二，市场或营利组织，也叫私人领域，通常叫“第二部门”，属于经济领域；第三，社会组织，是前两者之外的“第三域”，也叫公共领域，即通常叫作“第三部门”，它们属于狭义的社会领域。一般认为，由于公共品的非排他性和外部性，“搭便车”现象不可避免，因此，由政府部门提供最为有效。然而，事实证明，仅由政府单独提供公共品并不一定能够有效，甚至产生“政府失灵”。而且在社会多元化不断加深的今天，公共品的配置主体也呈多元化发展趋势，甚至具有较多资源的个人也成为重要配置主体之一。城市公共品的配置不能单靠政府的力量，需要社会各治理主体相互合作才能更有效。每一个配置主体都有其各自的优点和缺点，在城市公共品配置中都应其发挥优势作用。

1. 政府部门

政府部门，即“第一部门”，长期以来被认为是配置公共品最有效的主体。这种观念的产生与自由市场的“失灵”有关。理论和实践一再证明，现实中的市场是有缺陷的，不可能达到完全自由竞争的理想状态，由于信息不对称、外部性效应等原因导致市场运行的盲目性、滞后性以及公共品供给的无效率。此外，自由市场也缺乏对社会公正的关注。由此可以看出，市场中的私人组织不会自愿投资生产公共品，在公共品配置方面，市场部门无能为力，从而“市场失灵”。而这正为政府干预提供了理由，政府部门被认为是对市场部门的有力补充，可以很有效地供给公共品。政府部门通过公共收入，如税收、缴费等收入，来筹集资金投入公共品的配置。从而避免了公共品配置投资需求不足的困境。

然而，随着福利国家困境的出现，凯恩斯主义的国家干预理论受到质疑。政府配置公共品的合法性也引起了众多学者的讨论。总体来看，大体可以分为三种观点。第一种观点认为市场完全可以解决公共品的供给问题，而政府的职能应当只限定于提供一个良好的法律、治安环境以保证经济和社会生活的正常运行。除此之外，政府部门不应该直接干预市场经济事务。政府对经济的干预不仅不会促进经济的发展，反而正是对市场本身的原则和秩序的最大破坏。第二种观点恰好相反，这种观点继续支持国家干预的正当性，坚持认为市场是有缺陷的，政府对市场的干预是必要的。之所以会产生福利国家的困境和经济问题并不是由于“政府干预”这种做法本身是错误的，而是政府干预的内容、方式和程度没有把握好。政府依然是经济发展的最重要的主导和促进者。第三种观点则介于两者之间，认为公共品的配置需要政府也需要市场，是两者共同合作的过程。市场部门由于缺乏利润的动力，公共品的供给动力不足；而政府由于体制原因，对公共品生产的效率不高。而两者的结合和合作正好可以弥补各自的不足，发挥各自的优势，更有效地进行公共品的配置。现阶段，多数国家都趋向于“有限政府”，普遍认为政府部门是公共品配置、城市更新、社会治理甚至经济发展中不可或缺的主体。

2. 市场部门

市场部门，即营利组织和私人领域，是社会经济的重要主体。在城市公共品配置方面，市场部门的主体作用一直是理论争论的焦点。主要来看可以分为两大派别，即自由主义和干预主义。自从亚当·斯密以来，自由主义一直是经济发展的指导理论，许多自由主义经济学家都认为，公共品完全可以由市场来提供，政府的作用应当是“守夜人”，不应当干预经济活动。因此，他们主张自由放任的经济政策，坚持公共品的配置在自由竞争的市场机制下也可以有效地提供。然而现实中的经济危机，尤其是 1929 ~ 1933 年的世界性经济大危机证明了自由放任的市场经济是不能长久的。根本不存在理论上理想的那种完全自由竞争的市场，市场都是有缺陷的。此时，主张国家干预的凯恩斯主义应运而生并带来了“二战”后西方世界的大繁荣。各国都先后实行了福利政策，政府垄断了公共品的供给，用公共支出来刺激经济的发展。可是危机并没有从此消失，“滞涨”导致了经济的困境，阻碍了福利政策的实行，也宣告了凯恩斯政府干预主义的失利。新自由主义趁势而起，并进一步批判了干预主义的缺点。于是便形成了当前的“左中右”等道路。但无论现在的争论如何，各学派、各学者甚至各国家在大的方面都有普遍趋同的现象。大家都不再赞同和支持单一的主体，而是承认社会的发展需要政府和市场两者的结合。

在城市公共品的配置方面，市场部门有其自身的优势，如生产效率高，可以压缩公共品供给的成本以及通过市场机制反映市民对公共品的需求偏好等。因此，可以有效弥补政府部门的很多不足，为公共品的配置提供活力和依据，提高城市更新的效率。

3. 第三部门

第三部门，简单讲是指除了政府部门和市场部门之外的领域，主要包括事业单位、慈善组织等正式的非营利组织以及其他非正式的各种俱乐部和组织团体。其特点是非营利性、志愿性以及自治性。第三部门作为一种社会现实很早就存在，如很早就有宗教组织和慈善机构。然而第三部门作为一个概念，其产生的时间不长。而第三部门在现代广受关注是有着重要原因的。随着社会的发展，社会需求不断地多元化，社会问题不断地复杂化。政府在应对这一现实情况时有些力不从心。在公共品的配置上，政府与市场，尤其是政府仅仅能够照顾到大多数市民的最基本的公共品供给。而市民对公共品的多元化需求政府则无能为力，即使能够完全满足也会付出巨大成本。第三部门恰好能够弥补缺口，满足市民的多元化需求。很多组织团体和非政府组织都是针对不同市民群体的不同需求和特点而成立的，甚至有些团体和俱乐部就是市民自发组成的，通过自治来满足自己的需求。此外，第三部门还能充分挖掘和调动城市的人力资源和物力资源，有力地推动城市公共品的配置和城市更新。

另外，社会的发展也使市民个人的能力和资源有了很大增加，个人的公共意识和精神有了很大提升，个人对城市公共品配置的影响力也越来越大。很多个人通过投资捐助或公共服务来提供公共品。个人也逐渐成为不可忽视的城市公共品配置主体。

二、城市公共品的配置机制

城市公共品的配置机制是指推动城市公共品产生、更新和重置的各要素之间的联系以及城市公共品配置的方式和机理。它是城市公共品配置的核心内容，同时也是城市更新机制的重要组成部分。从主要方面来看，城市公共品的配置机制可以从两方面探讨，即公共品的配置动力以及公共品的配置方式。

1. 公共品的配置动力

公共品的配制动力是推动城市公共品配置和城市更新的力量。公共品的配置作为一个过程和行动，必然要有动力推动其进行。从公共品的供需来看，公共品的配制动力主要来源于公共品的配置主体和需求主体。

公共品的配置主体是公共品配置的主要动力来源。纵观城市更新的历史，对于公共品的供给和更新大都来自政府统一配置主体的推动。这主要有几方面原因。首先，这与我国政府主导的政治传统有关。在我国，由于特殊的历史背景和国情，各项改革和发展几乎都是自上而下的政府主导模式。城市公共品的配置也不例外，政府是最重要的配置主体，通过政策推动城市公共品配置的进行，决定着公共品的供给种类、数量和区域。其次，其他配置主体相对于政府部门实力较弱。市场部门与第三部门是能够充分反映市民对公共品需求的配置主体，它们对公共品配置的推动可以更多地考虑公共品的需求，增加需求主体对公共品配置的影响和动力。但是，市场部门和第三部门的力量比较薄弱，在公共品配置方面还不足以与政府平衡。从而最终导致现阶段公共配置的政府配置主体成为公共品配置的主要动力来源。

公共品的需求主体也是公共品配置的重要动力来源。从逻辑上讲，正是有了市民对公共品配置的需求，才会推动公共品配置的进行，公共品需求主体理应成为公共品配置的核心推动力。公共品的需求主体的推动力越强，就越能够保证公共品配置的方向正确，保证公共的利益和需求。但是，在政府主导的体制下，公共需求很容易被忽视，公共品的配置反而将利益导向了配置主体。因此，应该加强公共品需求主体，即普通市民对公共品配置的影响力和推动力。首先，要完善市民正向的公共参与渠道，使市民能够通过正常的民主决策或民主监督来参与公共品配置政策的制定。其次，支持市民反向的合理利益表达。市民合理的利益诉求以及同损害自身利益的政策的抗衡可以改变城市公共品的配置，推动配置向更有利于市民利益的方向改变。正是有了众多的所谓“钉子户”，才有了我们现在更好的住房政策；正是有了不断完善的物权法律，才大大推进了城市政府的依法拆迁和城市管理中的依法行政。但要注意利益表达的方式合理合法，以避免出现个体伤害，解释事件等悲剧。

2. 公共品的配置方式

公共品的配置方式是公共品配置机制的另一重要内容，是指公共品配置主体对公共品配置的方法和模式。长期以来，城市公共品的配置方式比较单一化，都是自上而下的政府主导模式。但随着社会多元化的趋势不断增强和社会问题的复杂化，随着城市公共品的多元化和复杂化，政府部门不可能再独自承担配置公共品的责任。只有各配置主体相互合作，发挥各自的优势，弥补相互的缺陷，才能够科学、公正、高效地配置和提供城市公共品。而对于不同的公共品，其合作提供的方式与途径也不尽相同。

对于城市基础设施和其他一些自然垄断产品，如电力、水力、高速交通、通信，交给市场会造成“市场失灵”。但同样，交给政府也会造成“政府失灵”，而且，“政府失灵”比“市场失灵”更可怕。对此，需要市场和政府彼此合作，发挥各自的优势，抑制彼此缺点，共同提供此类物品和服务。公共提供并不等于公共生产。因为任何一种公共品，其效用都是由可分割的各种要素综合作用的结果。例如，公共安全就是警察、警车、通信、监狱等共同作用的结果。在市场经济发达的国家，不仅警车、通信、监狱等可以交给私人生产、政府采购，而且就连警察也大都是由“私人生产”（私立高等学校培养）、政府购买的。①同样自然垄断产品也具有排他性，可以将其按流量、功率以及路程长短等分类计费并向消费者收费，因而完全可以交由市场主体进行生产出售，而政府作为所有者与监管者应防止违法、垄断和高价情况的产生。具体来看，将自然垄断产品股份化经营，政府掌握股份并通过招标选择生产商，监督生产服务质量，间接地管制价格，从具体的生产中解脱出来。即将所有权和经营权分离，政府不干涉生产环节，可以尽可能地降低私人对此类物品由于垄断而造成的效率损失。对于生产和提供环节，则要交给市场进行，在选择具体生产提供商时可以通过招标来促进竞争，从而促进技术的创新和效率的提高。由于所有权属于国家，也不会对公有制的基础造成影响。我国虽然早已实行所有权与经营权的分离，但仍然是由国有企业垄断着自然垄断产品的经营与生产，而国有企业与政府关系密切，根本无法引进其他先进的市场生产经营主体，两权分离名存实亡。政府应该在两权分离的基础之上再放松准入限制，引入私人企业的竞争，才能真正地使政企分离，提高供给效率。

社会保障性产品和服务，是社会性很强的公共物品和服务，如教育、住房和医疗等物品和服务。对于这类公共品，政府必须承担起提供者的职能，切实保障公众都有能力享有此类公共物品。但政府不具体生产此类产品和服务，由医院、学校、市场企业等具体的部门负责生产。首先，政府可以通过给予此类产品生产者适当的补贴，并通过价格和质量监管以保证此类产品的有效供给。其次，政府可以直接补助服务对象。政府提供保障性物品和服务的手段有很多，如政府补贴、凭单制、医疗保险、保障性住房、免除学杂费等。但我国政府的补助形式比较单一，大部分都只是拨款给补助单位，发放凭单给消费者的形式应用得还比较少。最近推出的新医疗改革政策，政府通过帮助支付医疗保险来缓解看病难的问题。这类似于发放凭单，但其不足在于医保卡指定医院、指定药物、指定时间、不能跨地区使用。

不可否认，对于大部分的公共物品和服务，确实只能由政府来提供。如国防治安、法律法规、公共政策、财政预算以及许多政务业务等等。但对于某些公共物品和服务或公共物品的某些部分交由市场来生产和提供则可以提高效率。政府提供不是由政府来生产，对于这些公共物品，政府完全可以只进行投资拥有所有权，而生产环节则交由市场来进行。如军队和警察的服装用品的生产，法律法规制定过程中的民意调查、方案设计以及事后评估，电子政务建设过程中的高新技术开发和网络技术服务，政府办公区域的物业管理，日常生活中的公共设施，公路的建设等，都可以通过外包、招标、出资、采购等形式让市场来生产。我国已经试着将许多公共服务外包出去，并且不断改革采购制度，但相关制度仍不完善，很多公共物品和服务仍然由政府独自生产。政府其实完全可以放弃对这些公共物品和服务生产的绝对垄断，将它们交给市场，引入竞争。这样不仅可以提高生产效率和质量，还减轻了政府的负担。但政府作为提供者，必须肩负起监管和监督的责任。尤其注意避免此类物品和服务被用来盈利。总之，由政府与市场等其他配置主体合作，才能更有效地提供公共产品和服务，更科学、更合理、更高效地进行城市公共品的配置，保证城市更新的顺利进行。

第五节　城市更新中公共品配置存在的问题

城市更新带来了城市的发展和市民生活水平的提高。特别是改革开放以来，我国城市更新进入了一个高速发展时期。近一段时期，各大城市都以前所未有的规模进行着城市更新。然而城市更新过程中也暴露了很多的问题，当前城市更新更是面临着不公平、不科学以及不可持续等严重问题。而具体来看，作为城市更新核心内容的公共品配置，其存在的问题占了城市更新问题的绝大部分。因此，必须着力分析并解决城市公共品配置的问题，保证城市公共品配置的公平、合理、科学，保证所供给的城市公共品多元化、高质量以及能够真正满足市民的需要，保证市民能够最大限度地分享城市更新的成果。

当前城市更新中，公共品的配置存在的问题很多。从时间来看，有些问题是长期存在的，而有些问题则是近几年才开始出现的。从属性来看，有些问题是有关公平性的问题，有些问题则是有关效率的问题。从公共品配置的构成来看，有些问题是关于公共品的目的，有些问题则是关于公共品的过程的。总体来看，有关城市公共品配置的问题可以从表现与结构来分析。而当前城市公共品配置的问题主要存在于区域、种类以及配置方式等方面。

一、问题的具体表现

从表面上看，城市公共品配置的问题出现在城市更新的方方面面，由城市公共品配置而导致的问题也影响着市民生活的各个领域。这些问题在表现形式上多种多样且不断变化。就现阶段来说，主要表现在以下几个方面：

首先，从区域来看，现阶段公共品的配置存在着不均衡的问题。同一个城市内，有的区域开发力度大，公共品密度极高，有些地区开发不足，公共品数量很少。贫困破败城区与现代繁华区并存；重点学校集中区与师资流失、教室破败城区并存；优质医疗资源的大医院集中区与缺医少药区并存；高端社区、繁华城区交通高峰拥堵的出行难与贫困破败地区道路失修、积水、占道等造成的出行难并存；设施完善、环境优美、秩序井然的城区与基本设施破败缺乏、环境脏乱的区域毗邻而居；贫富分化呈现出区域化分布，对比强烈，强势群体与弱势群体、穷人与富人在城市空间上割裂开来。城市公共品的配置在空间上的不公平会使公共品集中区域的居民享有更多的便利和利益，而公共品稀缺的区域的居民则很难获取足够的公共品和公共服务。公共品与居民对城市生活的满意度、幸福感密切相关，不同空间居民获取公共品的相对差别会加大居民对自身不公正待遇的认识，进而产生不满情绪，产生心理抵触。

而单方面来看，旧城区的开发强度过大，公共品配置过度，也造成了资源浪费，人口聚集，环境污染等问题。会对生活在其中的市民带来负面的心理和生理的影响。可见，城市公共品配置的区域问题是一个大问题，无论是区域不公正还是旧城区开发过度都需要注意，否则会严重阻碍城市更新的进行。

其次，从公共品本身来看，一方面，多数城市政府比较关注城市经济的发展，因此大力供给和配置能够促进经济发展的公共品，或者更为准确地说是促进 GDP 增长的公共品。如提供便于经济建设的法规，制定招商引资等相关的经济政策，改善道路交通和信息网络等来促进经济的快速增长。而有关民生的公共品却长期以来被忽视或弱化。很多地方政府将主要资源和精力用在了经济发展方面，而对教育、卫生、文化等关系社会民生的公共事业关注不够，投入不足。长期以来，政府重经济发展而轻社会管理，造成社会公共政策的缺失或不到位，导致民生问题不断涌现进而出现大量社会问题。甚至在传统上，很多社会领域的公共品一直都被当作发展经济的牺牲品，过度市场化。如医疗、教育以及保障性住房的市场化运行和供给。这虽然为经济增长提供了很大一部分的利润，但却对这些公共品的公共性，对公共利益造成了严重损害，产生了看病难、上学难和住房难等问题。另一方面，追求“形象工程”也是很多城市存在的大问题。据城建部披露，中国 600 多个城市、2 万多个建制镇中，约有五分之一的城镇存在“形象工程”，如盲目攀比扩大城市规模，建大广场、修宽马路、建标志性建筑等。城市形象的提升需要必要的合理的市政工程，但如果一味地追求形象工程而脱离了实际和民生，则会适得其反，造成资源浪费和其他社会问题。

城市公共品本身的质量问题也是值得关注的问题。近一段时间，我国大量涌现公共品的质量问题，“豆腐渣工程”令人担忧。许多城市的道路、桥梁十分“脆弱”，刚建了几年的时间就塌陷或倒塌。如 2011 年 7 月，密集的塔桥事件，刺激着公众神经：7 月 15 日，通车 14 年的杭州第三钱塘江大桥坍塌，7 月 14 日，建成 12 年的福建武夷山公馆大桥北段坍塌，7 月 11 日，建于 1997 年的江苏盐城境内 328 省道通榆河桥坍塌，年轻的桥，纷纷倒下，然而时隔没多久，修建了四年，耗资 87 亿元的甘肃省天水至定西的高速公路，仅使用了不到 80 天的时间就出现了坑槽、裂缝、沉降等严重问题。这不仅是城市更新的严重损失，还会危害市民的生命安全。

此外，只注重城市物质和实物公共品的配置，而忽视文化、政策等软实力公共品的发展也是现实存在的较大问题，从而也导致了很严重的趋同化现象。我国的城市更新改造大多缺乏对城市的历史文脉的尊重，缺乏对城市的历史文化内涵、地方特色以及地方风情的深入研究。许多历史文化古迹和风貌在城市更新中被破坏甚至被完全摧毁，而新建的建筑又毫无地方特色和风貌，造成千城一貌的局面。

再次，从过程来看，一是公共品配置存在着重复拆建的问题。很多城市的道路、房屋、市政工程等公共设施刚建成没多久就要拆掉，有的是因为需要重新建设其他公共品，有的是因为质量不过关，有的则是资金链的断裂。重复拆建会造成资源的浪费，增加城市更新的成本。还需要注意的是，不断地更新公共品还会对城市生活造成不便。二是公共品配置只注重“表面工程”。尤其是在进行道路等基础设施建设方面，“地上工程”总是比“地下工程”重要。很多城市在进行道路建设时往往仅考虑某一段路，没有很好地从整个城市总体的更新来考虑和规划。只注重地上路面、绿化、护栏、路标、服务设施等显性公共品的建设，而没有对地下管道、电缆等隐性公共品进行合理有效地开发和更新。而一旦地下设施出了问题，就又会导致对新铺道路的重新拆建，造成严重浪费和不良影响。三是公共品配置时缺乏对优秀传统文化物质和精神的保护。具有典型日耳曼风格、可与现欧洲的火车站相媲美的济南老火车站被拆除；国家历史名城襄樊的千年古城墙惨遭摧毁；宁波保税区和开发区的建筑使宁波的历史人文资源损失了 80%；浙江定海古城中成片的老街区被拆除；国家级历史文化名城济南一条浓缩了 500 年历史的古街区被拆除；杭州的极具文化艺术底蕴和历史感的中国美术学院老校园全部拆光重建。据文物界估计，中国 20 年来对旧城的破坏，超过了以往 100 年。难以理解的是，有些城市将古建筑拆除后，在原位置上又建起了仿古建筑，毁了真的，造了假的，使城市失掉了沉淀数百年的宝贵文化资源和物质财富，失去了城市特色。此外，从公共品的配置方式来看，多数城市存在强制性和非人性化的现象，尤其是在拆迁的过程中更为明显。

最后，从城市公共品配置所引发的问题来看，现阶段许多社会问题都与城市更新中公共品的配置不当有关。第一，公共品配置区域和拆迁补偿的不公平，会造成社会的贫富差距。城市更新的客观结果就是将“贫民”疏散或迁到地价较低的地方，将“富人”集中到地价较高的地方，成了“驱贫引富”运动，以牺牲弱势群体的利益为代价换取城市更新。第二，城市更新和公共品配置方式的强制性和非人性化，会引发社会的不满情绪，增加和激化城市的社会矛盾。强制性拆迁所引发的居民与政府的强力对抗时有发生，因拆迁而导致的自楚、伤人事件等悲剧频频上演。另外，公共品的配置不当还会引发一系列影响城市正常生活和秩序的问题。其中比较典型的就是城市拥堵问题，包括车辆拥堵和人员拥堵。拥堵问题会发生在同一个城市的不同区域，既会发生在道路条件差、公共品稀疏的落后城区，也会发生在道路设施好、公共品密集的富裕城区。但是其产生同一问题的原因是不同的。在落后城区，拥堵问题是由于公共设施条件差，甚至无法满足少数人使用的需求；而在富裕城区，道路条件极好，公共设施很多，然而正是由于公共品的资源集中才导致大量的人员聚集于此，尤其是集中了很多有车的富人，导致如此密集的公共品还是相对不足。

二、城市公共品配置问题的结构分析

城市公共品配置正如城市更新一样，是一个不断循环发展的过程。从其结构来看主要分为配置主体、配置客体、配置方式以及配置环境。总结上面对公共品配置问题的表现，可以从城市公共品配置的结构来进行，以便更深入地分析和概括公共品配置的问题。总体来看，城市公共品配置的问题可以分为以下几个方面。

第一，区域配置的失衡。即城市更新中出现的区域分化和区域不公平。这是从城市公共品配置环境的空间方面来分析问题。有些城区是政府开发的热点，是公共品配置的聚集区。在这一区域，公共品优质资源集中、供应充足、配置合理，居民生活的经济成本和社会成本较低，能够充分和非常便利地享用到公共品，甚至是更多地免费享用到优质公共品。而有些城区是城市更新没有涉及的区域，其公共品配置较弱，公共品数量较少。区域内居民则对城市公共品的获得和享用缺乏便利性，有些甚至是根本没有可及性，有些为此要付出更多更大的经济成本和社会成本。公共品区域配置的失衡是导致贫富差距、社会矛盾以及影响城市生活的主要问题。

第二，文化传承的断层和城市趋同。城市的文化与传统是从时间的角度来审视城市公共品配置的环境。历史文化的传承代表了城市的传统精神和个性，与地理环境特点一起构成了一个城市区别于其他城市的总体特色。而历史文化古迹是城市历史文化传承的具体载体，需要加以保护以体现城市独特的文化风貌。然而我国以往的城市更新过程却不太重视对文化物质和精神的保护，甚至破坏文物以求得暂时的改造与更新。缺乏了城市的文化特色，而仅发展相同的现代公共品和公共设施，使得当前城市发展的趋同化现象比较严重。

第三，配置主体的单一化。当前城市更新和公共品的配置基本上是由政府推动的，是政府主导的自上而下的过程。其他社会主体，如市场主体、第三部门在公共品配置中并没有与政府部门一起发挥应有的主导作用。然而单一的政府部门或许无法很有效地配置公共品，不可能完全包揽公共品配置的各个方面，会产生“政府失灵”等诸多问题。尤其是政府在缺乏其他主体制衡的情况下很有可能将公共品配置和城市更新导向错误的方向，从而使整个城市更新的过程缺乏了科学性和民主性。

第四，属性配置的失衡。这是从公共品配置的客体，公共品本身来分析配置中所出现的问题。一是由于我国以发展经济为主导的传统，我国大部分城市更新的主要目的就是促进城市经济的发展，城市公共品配置以经济类公共品的发展为主。相对来说，对社会类公共品的供给就较少。而随着经济的进步和社会的发展，城市居民对于公共品和公共服务的需要也在不断增长。因此，社会类公共品相对不足，无法满足居民日益增长的需求。二是公共品的配置总是只关注地面上的显性公共品而忽视地下隐性公共品的更新和发展，缺乏长期和整体的规划意识。导致了排污难、管道老化、线路老化等问题，严重影响城市的正常生活，甚至造成人民生命和财产的损失。

第五，配置方式的强制性和非人性化。在公共品配置过程中，多数政府采用了强制性的方式，最为突出的表现就是强制性拆迁。在传统城市改造中，由于这一过程多是经济利益的驱动，一般不会考虑太多的居民利益，缺乏以人为本的理念和方式。而强制性和非人性化的方式很可能会导致激烈的社会矛盾和对抗，严重影响社会的稳定。

第六节　城市更新中公公配置问题产生的原因

城市更新中公共品配置的问题既有长期积累的结果，又包括新出现的因素。城市公共品本身的问题及其所引发的一系列社会问题都会给城市的正常生活带来不良影响，也会阻碍城市更新的正常进行。每一个问题现象的背后都有一定的原因，不同的问题可能是由同一个原因造成的，而类似的问题也可能是由不同的原因导致的。只有在深入分析导致城市更新和城市公共品配置问题以及透彻理解导致问题的原因的前提下，才能更有效地找到解决城市问题的对策，从而为城市更新政策的制定提供科学有效的依据。城市更新中，导致公共品配置问题的原因有很多，从不同的角度看原因各不相同。但其中有些主要的原因是造成现阶段城市公共品配置问题的根源。

综合来看，导致城市更新中公共品配置问题的原因主要包括错误的经济和政治利益的驱动、先进城市更新观念的缺乏、城市管理体制改革的滞后、民主参与渠道的缺失以及相关法律的不健全等。

一、经济和政治利益驱动的错误导向

根据公共选择理论，政府官员与市场主体一样都是“理性人”，都具有趋利性，以追求经济利益和政治利益为目标。现阶段，政府是城市更新的核心主体，政府主体由于受到经济和政治利益的驱动，对公共品配置时就难免会考虑自身利益，使城市更新偏离应有的方向。具体看来，主要有三方面的不良利益驱动。

首先是传统经济增长观念的驱动。我国自改革开放以来，一直大力发展经济，而地方政府的核心任务就是促进地方经济的增长。而城市政府的城市发展目标还是以经济发

展为主，甚至很多地方是唯 GDP 主义。在政府的政策、物质和资金支持下，很多城市公共品的建设和更新都以促进城市经济增长为目的。很多公共品的配置虽然从表面上增加了当时城市经济的增长，但由于缺乏对市民需求的考虑，这些公共品闲置报废，从长期看造成了资源的严重浪费。经济增长的观念还会导致对经济长期和可持续发展的忽视，导致严重的产业结构失衡、区域发展失调，还会造成环境污染的加剧和贫富差距的拉大。

其次是官员自身经济利益的驱动。在政府主导的城市更新中，政府占有着大量的公共资源，对公共品的配置起决定性的作用。因此，权力越大的政府官员在公共品配置中的影响力越大，甚至能够由个人决定公共品的配置政策。政府官员作为“理性人”，很可能会凭借所具有的权力进行寻租和受贿，产生腐败现象。在进行公共品配置时，有些官员考虑的是在哪里配置公共品对自己有利可图；在公共品生产外包招标时，有些官员关心的是谁给自己的略多。经济利益的驱动导致官员忽视了公共品配置的公共性和公平性。

最后是传统政绩考核的驱动。在我国目前体制下，工作的评判标准就是上级的满意度。内部取向的控制机制下，官员不注重工作的实际结果和长远利益，为了在短期内达到升迁的目的就必须在短期内出政绩，所以才会乐此不疲地热衷于搞形象工程。在这种传统政绩考核体制下，很容易激励官员不惜一切代价进行“形象工程”公共品的建设和更新，忽视或损害了民生类公共品和环境公共品，使城市公共品配置失去满足社会需要的功能，造成资源的浪费，不利于城市的长期可持续发展。

二、城市更新长期发展观念的缺乏

没有一个长期可持续的发展观念，是现阶段城市更新出现问题的一个很重要的原因。城市公共品的颠覆式拆建、反复拆建、文化断层、趋同化等问题都与此有关。当前我国城市更新注重的是短期效益，这与我国短期任期制的管理体制有关。对短期效益的追求必然会导致对长期利益的忽视，缺乏城市公共品配置的长期规划。新任一届领导就会拆除以往领导主导配置的公共品，在彻底颠覆的基础上重新建设新的公共品。推倒重来的公共品配置方式使得一个城市的公共品资源浪费严重，造成财富损失。这样的方式，从发展观的角度看，是毁掉存量财富，换来增量财富；只有变化，没有发展；高消耗，高增长，低效益。这样的公共品配置缺乏长期的规划和考虑，不注重财富的积累，缺乏可持续性。从文化层面来看，一个城市的文化需要物质财富与精神财富的不断积累与沉淀，而颠覆式城市更新中财富的破坏与损失使得城市文化的保护与发展受到挑战。很多城市的文物在城市更新中遭到破坏，对传统文化的传承和对城市特色的保持一直没有受到应有的重视。

三、城市管理体制改革的后

首先，从主体来看，我国城市管理主体比较单一，主要是城市政府。而相对于目前城市问题多元化和多变化的特性，政府的行政效率依然不高，其内部的行政体制仍显得繁穴和低效。政府部门的管理层次过多，行政审批烦琐，政令的上通下达时间较长，不利于处理应急事务；政府部门的管理目标不明确，公务人员在公共目标不一致和权责不明确的前提下很容易各自为政，互相推诿，争抢利益而推卸责任。

其次，从方式来看，我国现行城市管理体制采用的管理手段较为粗放与简单。在执行市政任务和政策时，在进行公共品的配置时，政府多数采用的是强制性的管理方式，缺乏人性化的理念，很少考虑相关市民的利益。强拆强占、暴力执法等现象都与粗放型城市管理的方式有关。

最后，从理念来看，传统城市管理体制是在传统控制型管理理念基础上形成的。因此其目的和目标是加强城市的稳定，对城市秩序进行控制。将城市公共品配置看成是维护秩序控制的手段，是从管理控制的角度来理解公共品的配置，而不是从服务的角度，缺乏服务理念。这会使公务人员等级意识和官本位意识的强化，导致服务效率的低下，服务态度的不良等。

四、民主参与机制的不完善

我国大部分城市更新政策都是由政府部门单独制定的，很多政府在制定政策时甚至只是完全凭借领导单独的决断，城市公共品配置时缺乏市民等其他主体的民主参与。这主要是由于我国在政治制度方面缺乏必要的民主参与渠道和机制。现阶段，我国正在努力拓宽民主表达渠道，但仍然不完善。大多数城市更新根本没有经过相关专家的严格论证和公众参与。如果偶有以上程序，也是形式多于内容：参与其中的专家和公众代表都是由政府按照自己的意愿精心挑选来的。民主参与机制的不完善使得城市公共品的非政府主体无法很有效地参与到城市公共品的配置过程中来，使做出的各种决策缺乏合理性、科学性和公共性。而民主参与可以增加公共品配置的合法性，保证公共品配置政策顺利执行和城市更新过程顺利进行。

五、相关法律和制度的不健全

城市更新相关法律和制度的不健全是当前众多公共品配置问题出现的一个很重要的原因。缺乏必要的法律和制度支持，会使很多利益相关者，尤其是弱势群体的利益在城市更新和公共品配置中受到损害。如物权法的不完善导致单个市民的利益很容易在城市更新中受到损害；土地征用法规的不完善使得被征用土地的市民处于不利地位，无法抗衡强势的政府和房地产商，得到的补偿在博弈中变得很少；而监督制度的不健全使城市更新的过程无法得到有效的监督，很容易产生寻租与腐败的现象。据统计，目前大多数城市政府对公众公开的信息尚不足 30%，公众对城市更新的监督根本无从谈起。除此之外，有关民生保障和利益补偿的一些法律依然不健全，这在一定程度上不利于城市公共品的配置。

第六章　风景园林设计的概述与基础理论

最早的造园活动可以追溯到两千多年前祭祀神灵的场地、供帝王贵族狩猎游乐的园圈和居民为改善居住环境而进行的绿化植栽等。如公元前 2600 年埃及在高台上神殿周围栽植的圣林、中国古代的“园圈”、古巴比伦的“空中花园”等，这些都是园林的雏形。

无论是为了追求美好的生活环境，还是为皇宫贵族建筑的玩赏场所，造园活动经历了长时间的积累，形成了比较成熟的学科和技术，活动领域和园艺存在着一定程度的交叉，以至于人们往往将造园等同于园艺。就这一点我们应该在概念上结合相关学科背景进行厘清。

风景园林以创造美好的人居环境为最终目标，要从“以人为本”出发，并与自然和社会紧密相连。同样，风景园林设计的理论基础也离不开与环境相关的各个理论学科。因产生的历史和涉及各个学科领域的综合要求，使得风景园林设计具有多元性的特点。这种多样性主要由自然系统因素和社会系统因素两方面构成。

第一节　风景园林设计的定义

一、风景园林的概念

风景园林的含义：

在一定的地域运用工程技术和艺术手段，通过改造地形（或进一步筑山、叠石、理水）、种植树木花草、营造建筑和布置园路等途径创作而成的美的自然环境和游憩境域，就称为风景园林。风景园林包括庭园、宅园、小游园、花园、公园、植物园、动物园等，随着园林学科的发展，还包括森林公园、风景名胜区、自然保护区或国家公园的游览区以及休养胜地。

提到“风景园林”，人们往往容易和“园林”混为一谈，将风景园林设计定位于简单的艺术创作，如花园设计、苗圃种植等单一的植栽活动层面上。实际上，风景园林设计是一项设计内容丰富的，集科学理性分析和艺术灵感创作于一体的，关于土地设计的综合创作，并旨在解决人们一切户外空间活动的问题，为人们提供满意的生活空间和活动场所。

风景园林设计可以说是一门古老而崭新的学科，它的存在和发展一直与人类的发展息息相关，包括人们对生存生活环境的追求，以及对生活环境无意识和有意识地改造活动。这种活动孕育了风景园林学。我们回顾相关的历史，可以隐约看到风景园林学的发展历程，或者说是这种追求和改造活动形成的众多的学科如建筑学、植物学、美术学等一起促生了风景园林学的诞生。因此，在介绍风景园林学的基本理论和实践领域之前，要解决以下几个问题：

（1）风景园林学的相关概念；

（2）风景园林学与相关学科的关系；

（3）风景园林学的产生；

（4）风景园林学的活动领域。

二、相关概念

1. 景观设计学

景观设计学是关于景观的分析、规划布局、改造、设计、管理、保护和恢复的科学和艺术。加拿大景观设计师协会将其定义为是一门关于土地利用和管理的专业。

景观设计师是以景观设计为职业的专业人员。景观设计职业是大工业、城市化和社会化背景下的产物。景观设计师工作的对象是土地综合体的复杂的综合问题，面临的是土地、人类、城市和土地上的一切生命的安全与健康以及可持续发展的问题。

2. 建筑学

建筑活动恐怕是人类最早的改善生存条件的尝试。地球上不同种族的人们，在经历了上百万年的尝试、摸索之后，终于在这种尝试活动中积淀了丰富的经验，为建筑学的诞生、为人类的进步做出了巨大的贡献。

建筑作品的主持完成，开始是由工匠或艺术家来负责的。在欧洲，随着城市的发展，这些建筑工匠和艺术家完成了许多具有代表性的建筑和广场，形成了不同风格的建筑流派。那时，由于城市规模较小，城市建设在某种意义上就是完成一定数量的建筑。建筑与城市规划是融合在一起的。工业化以后，由于环境问题的突显以及后来20世纪的两次世界大战，人们开始对城市建设进行重新的认识，例如出现了霍华德的“花园城市”，法国建筑大师勒·柯布西埃的“阳光城市”和他主持完成的印度城市昌迪加尔。直到建筑与城市规划逐渐相互分离，各自有所侧重，建筑师的主要职责才专注于设计居于特定功能的建筑物，例如住宅、公共建筑、学校和工厂等。

3. 城市规划

城市规划虽然早期是和建筑结合在一起的，但是，无论是欧洲还是亚洲大陆的国家，都有关于城市规划思想的发展。比如形式比较原始的居民点选址和布局问题，中国的“体国经野”区域发展的观念和影响中国城市建设的“营国制度”。但现在，城市规划考虑的是为整个城市或区域的发展制订总体计划，它更偏向社会经济发展的层面。

三、风景园林学与相关学科的关系

国务院学位委员会、教育部颁布的《学位赋予和人才培养学科目录（2011年）》显示，“风景园林学”正式列入110个一级学科之位，列在工学门类，学科编号为0834，可授工学、农学学位。

风景园林学是人居环境科学的三大支柱之一，是一门确立在遍及的自然科学和人文艺术学科基础上的操纵学科，其核心是协调人与自然的关系，其特性是剖析性强，涉及筹划、规划、园林动物、工程学、环境生态、文化艺术、地学、社会学等多学科，负担着确立与发展自然环境和人工环境、提升人类生存品格、传承和发挥中华民族优秀古老文化的重任。在我国城市化进程快捷发展的今天，都市、人口与生态环境的矛盾日益激化，引发了亘古未有的生态压力，都市化和都市生态化发展给中国风景园林设计提出了加倍艰难的工作和更高的要求，可是现行的人才培养种植提拔领域、规格已不能适应我国风景园林设计发展的需要。

风景园林学的产生和发展有着相当深厚和宽广的知识底蕴，如哲学中人们对人与自然之间关系（或人地关系）的认识。在艺术和技能方面的发展，一定程度上还得益于美术（画家）、建筑、城市规划、园艺以及近年来兴起的环境设计等相关专业。但美术（画家）、建筑、城市规划、园艺等专业产生和发展的历史比较早，尤其在早期，建筑与美术（画家）是融合在一起的。城市规划专业也是在不断的发展中才和建筑专业逐渐分开的，尽管在中国这种分工体现得还不是十分明显。因此，谈到风景园林学的产生，首先有必要理清它和其他相近专业之间的关系，或者说其他专业所解决的问题和景观设计所解决的问题之间的差异。这样才可能阐述清楚景观设计专业产生的背景。

现代意义上的风景园林学，严格来讲，其研究领域和实践范围界限不是十分明确，从定义上理解，它包括了对土地和户外空间的人文艺术和科学理性的分析、规划设计、管理、保护和恢复。风景园林设计和其他规划职业之间有着显著的差异。它综合建筑设计、城市规划、城市设计、市政工程设计、环境设计、植物学等相关知识，加以综合运用从而创造出具有美学和实用价值的设计方案。

第二节 风景园林设计的发展简史

一、西方园林发展史

1. 公元前三千多年——地中海东部沿岸古埃及的规则式园林

地中海东部沿岸地区是西方文明发展的摇篮。公元前三千多年，古埃及在北非建立奴隶制国家。尼罗河两岸沃土冲积，适宜农业耕作，但国土的其余部分都是沙漠地带。对于沙漠居民来说，在一片炎热荒漠的环境里，存在水和遮阴树木的“绿洲”可作为模拟的对象。尼罗河每年泛滥，退水之后需要丈量土地，因而发明了几何学。于是，古埃及人也把几何的概念用之于园林设计。

古埃及人建造的水池和水渠的形状方整规则，房屋和树木都按几何形状加以安排，是为世界上最早的规整式园林设计。

2. 公元前五百年——古希腊的雅典城邦及罗马别墅园宅园

（1）古希腊的雅典城邦

古希腊由许多奴隶制的城邦国家组成。公元前五百年，以雅典城邦政治为代表的完善的自由民主政治带来了文化、科学、艺术的空前繁荣，园林的建设也很兴盛。古希腊园林大体上可以分为三类：第一类是供公共活动游览的园林——早先原为体育竞技场，后来，为了遮阴而种植的大片树丛逐渐开辟为林荫道，为了灌溉而引来的水渠逐渐形成装饰性的水景。园林中到处陈列着体育竞赛优胜者的大理石雕像，林荫下设置座椅。人们不仅来此观看体育活动，也可以散步、闲谈和游览。政治学家在这里发表演说，哲学家在这里辩论，为此而修建专用的厅堂，另外还有音乐演奏台以及其他公共活动设施。但这种与现代“文化休息公园”相似的公共园林存在的时间并不长，随着古希腊民主政体的衰亡而逐渐消失。第二类是城市的住宅，四周以柱廊围绕成庭院，庭院中散置水池和花木。第三类是寺庙园林即以神庙为主体的园林风景区，例如德尔菲圣山。

（2）罗马别墅花园

罗马继承古希腊的传统而着重发展了别墅园和宅园这两类，别墅园修建在郊外和城内的丘陵地带，包括居住房屋、水渠、水池、草地和树林。当时的一位官员和著作家对此曾有过生动的描写：“别墅园林之所以怡人心神，在于那些爬满常春藤的柱廊和人工栽植的树丛；晶莹的水渠两岸缀以花坛，上下交相辉映。确实美不胜收。还有柔媚的林荫道、散露在阳光下的浴池、华丽的客厅、精制的餐室和卧室……这些都为人们在中午和晚上提供了愉快安谧的场所。庞贝古城内保存着的许多宅园遗址一般均为四合庭院的形式，一面是正厅，其余三面环以游廊，在游廊的墙壁上画上树木、喷泉、花鸟以及远景等壁画，造成一种扩大空间的感觉。

3. 公元 7 世纪——阿拉伯人建立的伊斯兰大帝国

公元 7 世纪，阿拉伯人征服了东起印度河西到伊比利亚半岛的广大地带，建立了一个横跨亚、非、拉三大洲的伊斯兰大帝国，虽然后来分裂成许多小国，但由于伊斯兰教教义的约束，在这个广大的地区内仍然保持着伊斯兰文化的共同特点。阿拉伯人早先原是沙漠上的游牧民族，祖先过着逐水草而居的帐幕生涯，他们对“绿洲”和水的特殊感情在园林艺术上有着深刻的反映。另一方面又受到古埃及的影响从而形成了阿拉伯园林的独特风格，以水池或水渠为中心，水经常处于流动的状态，发出轻微悦耳的声音。建筑物大半通透开畅，园林景观具有一定的幽静气氛。

4. 公元 14 世纪——伊斯兰园林的鼎盛及印度莫卧儿园林

公元 14 世纪是伊斯兰园林的鼎盛时期。此后，在东方演变为印度的莫卧儿园林的两种形式：一种是以水渠、草地、树林、花坛和花池为主体而成对称均齐的布置，建筑居于次要的地位；另一种则突出建筑的形象，中央为殿堂，围墙的四周有角楼，所有的水池、水渠、花木和道路均按几何对称的关系来安排。著名的泰姬陵即属后者的代表。

5. 公元 15 世纪——欧洲西南端的伊比利亚半岛

欧洲西南端的伊比利亚半岛上的几个伊斯兰王国直到 15 世纪才被西班牙的天主教政权统一。由于地理环境和长期的安定局面，园林艺术得以持续地发展伊斯兰传统，并吸收罗马的若干特点熔于一炉。格拉那达的阿尔罕伯拉宫即为典型的例子。这座由许多院落组成的宫苑位于地势险要的山上，建筑物除居住用房外大部分为马蹄形券洞甚至可以看到苑外的群峰。再加上穿插引流的水渠和水池，整座宫殿充满了“绿洲”的情调。宫内园林以庭院为主，采取罗马宅园四合庭院的形式，其中最精彩的是拓溜园和狮子院。

拓溜园的中庭纵横着一个长方形水池，两旁是修剪得很整齐的树禽。水池中摇电着马蹄形券廊的倒影，显示一派安详的亲切的气氛。方整宁静的水面与暗绿色的树禽对比着精致繁荣、色彩明亮的建筑雕塑，又给予人一种生机勃勃的感受。狮子院四周均为马蹄形券廊，纵横两条水渠贯穿全院，水渠的交汇处即庭院的中央有一个喷泉，它的基座上雕刻着 12 个大理石狮像（伊斯兰教的教规禁止以动物作装饰题材，这 12 个狮像是后来加上去的）。阿尔罕伯拉宫这种理水的手法给予后来的法国园林以一定程度的启示。

6. 公元 15 世纪后期——欧洲意大利半岛的理水方式和园林小品的产生

15 世纪是欧洲商业资本的上升期，意大利出现了许多以城市为中心的商业城邦。政治上的安定和经济上的繁荣必然带来文化的发展。人们的思想从中世纪宗教中解脱出来，摆脱了上帝的禁锢，充分意识到自己的能力和创造力。“人性的解放”结合对古希腊罗马灿烂文化的重新认识，从而开创了意大利“文艺复兴的高潮，园林艺术也是这个文化高潮里面的一部分。

意大利半岛三面频海而多山地，气候温和，阳光明媚。积累了大量财富的贵族、大主教、商业资本家们在城市修建华丽的住宅，也在郊外经营别墅作为休闲的场所，别墅园遂成为意大利文艺复兴园林中的最具代表性的一种类型。别墅园林多半建立在山坡地段上，就坡势而建成若干的台地，即所谓的台地园。园林的规划设计一般都由建筑师担任，因而运用了许多古典建筑的设计手法。主要建筑物通常位于山坡地段的最高处，在它的前面沿山坡而引出的一条中轴线上开辟一层层的台地，分别配置保坎、平台、花坛、水池、喷泉、雕像。各层台地之间以蹬道相联系。中轴线两旁栽植高耸的丝杉、黄杨、石松等树丛作为园林本身与周围自然环境的过渡。站在台地上顺着中轴线的纵深方向眺望，可以拍摄到无限深远的园外风景。这是规整式与风景式相结合而以前者为主的一种园林形式。

理水的手法远较过去丰富。每于高处汇聚水源作贮水池，然后顺坡势往下引注成为水瀑、平淌或流水梯，在下层台地则利用水落差的压力做出各式喷泉，最低一层平台地上又汇聚为水池。此外，常有为欣赏流水声音而设的装置，甚至有意识地利用激水之声构成音乐的旋律。

作为装饰点缀的“园林小品”也极其多样，那些雕镂精致的石栏杆、石坛罐保坎、碑铭以及为数众多的、以古典神话为题材的大理石雕像，它们本身的晶莹光亮衬托着暗绿色的树丛，与碧水蓝天相掩映，产生一种生动而强烈的色彩和质感的对比。

意大利文艺复兴式园林中还出现一种新的造园手法——绣毯式的植坛。即在一块大面积的平地上利用灌木花草的栽植镶嵌组合成各种纹样图案，好像铺在地上的地毯。

7. 公元 17 世纪——法国的中轴线对称规整的园林布局

17 世纪，意大利文艺复兴式园林传入法国。法国多平原，有大片天然植被和大量的河流湖泊。法国人并没有完全接受台地园的形式，而是把中轴线对称均齐的整齐式的园林布局手法运用于平地造园。

17 世纪末，欧洲资本主义的原始积累加速进行着，君主专制政权成了资产阶级和旧贵族共同镇压农民和城市平民的国家机器。法国在当时已经是世界上最强大的中央集权的君主国家，国王路易十四建立了一个掌握绝对君权的中央政府，尽量运用一切文化艺术手段来宣扬君主的权威。宫殿和园林作为艺术创作当然也不例外，巴黎近郊的凡尔赛宫就是一个典型的例子。

凡尔赛宫占地极广，大约有六百公顷。是路易十四仿照财政大臣副开的围攻园的样式而建成的，包括“宫”和“苑”两部分。广大的苑林区在宫殿建筑的西面，由著名的造园家勒诺特设计规划。它有一条自宫殿中央往西延伸长达二公里的中轴线，两侧大片的树林把中轴线衬托成为一条宽阔的林荫大道，自西向东延伸，直到消逝在无垠的天际。林荫大道的设计分为东西两段：西段以水景为主，包括十字形的大水渠和阿波罗水池，饰以大理石雕像和喷泉。

十字水渠的北段为别墅园“大特里阿农”，南端为动物饲养园。东端的开阔平地上则是左右对称布置的几组大型的“绣毯式植坛”。大林荫道两侧的树林中隐藏地布列着一些洞府、水景剧场、迷宫、小型别墅等比较安静的就近观赏的场所。树林里还开辟出许多笔直交叉的小林荫路，它们的尽端都有对景，因此形成一系列的视景线，故此种园林又叫作视景园。中央大林荫道上的水池、喷泉、台阶、保坎、雕像等建筑小品以及植坛、绿篱均严格按对称均齐的几何格式布局，是规整式园林的典范，较之意大利文艺复兴园林更明显地反映了有组织有秩序的古典主义原则。它所显示的恢宏的气概和雍容华贵的景观也远非前者所能比拟。

8. 公元 18 世纪初期——英国的风景式自然园林的盛行

英伦三岛多起伏的丘陵，18 世纪时由于毛纺工业的发展而开辟了许多牧羊的草场。如茵的草地、森林、树丛与丘陵地貌相结合，构成了英国天然风致的特殊景观。这种优美的自然景观促进了风景画和田园诗的兴盛。而风景画和浪漫派诗人对大自然的纵情返歌又使得英国人对天然风致之美产生了深厚的感情。这种思潮当然会波及园林艺术，于是封闭的“城堡园林”和规整严谨的“勒诺特式”园林逐渐被人们所厌弃而促使他们去探索另一种近乎自然、返璞归真的新的园林风格——风景式自然园林。

英国的风景式园林兴起于 18 世纪初期。与勒诺特式的园林完全相反，它否定了纹样植坛、笔直的林荫道、方正的水池、整齐的树木。扬弃了一切几何形状和对称均齐的布局，代之以弯曲的道路、自然式的树丛和草地、蜿蜒的河流，讲究借景与园外的自然环境相融合。为了彻底消除园内景观界限，英国人想出一个办法，把园墙修筑在深沟之中即所谓“沉墙”。当这种造园风格盛行的时候，英国过去的许多出色的文艺复兴式和勒诺特式园林都被摧毁而改造成为风景式的园林。

相较规整式园林，风景式园林在园林与天然风致相结合、突出自然景观方面有其独特的成就。但物极必反，它却又逐渐走向另一个完全极端，即完全以自然风景或者风景画作为抄袭的蓝本，以至于经营园林虽然耗费了大量的人力和资金，而所得到的效果与原始的天然风致并没有什么区别。看不到多少人为加工的点染虽本于自然但未必高于自然。这种情况也引起了人们的反感。因此，从造园家列普顿开始又使用台地、绿禽、人工理水、植物整形修剪以及日馨、鸟舍、雕像等建筑小品，特别注意树的外形与建筑形象的配合衬托以及虚实、色彩、明暗的比例关系。甚至有在园林中故意设置废墟、残碑、朽桥、枯树以渲染一种浪漫的情调，这就是所谓的“浪漫派”园林。

这时候，通过在中国的耶稣会传教士致罗马教廷的通讯，以圆明园为代表的中国园林艺术被介绍到欧洲。英国皇家建筑师张伯斯两度游历中国，归来后著文盛谈中国园林并在他所设计的丘园中首次运用所谓“中国式”的手法，虽然不过是一些肤浅和不伦不类的点缀，终于也形成一个流派，法国人称之为“中英式园林”，在欧洲曾经盛行一时。

9. 公元十八九世纪——勒诺特风格和英国风格的平行发展

十八九世纪的西方园林可以说是勒诺特风格和英国风格这两大主流并行发展、互为消长的时期，当然也产生出许多混合型的变体。

10. 公元 19 世纪中叶——植物研究成为专门的学科

19 世纪中叶，欧洲人从海外大量引进树木和花卉的新品种并加以训化，观赏植物的研究遂成为一门专门的学科。花卉在园林中的地位越来越重要，很讲究花卉的形态、色彩、香味、花期和栽植方式。造园大量使用花坛，并且出现了以花卉配置为主要内容的“花园”乃至以某一种花卉为主题的花园如玫瑰园、百合园等。

11. 公元 19 世纪后期——大工业的发展，郊野地区开始兴建别墅园林

19 世纪后期，由于大工业的发展，许多资本主义国家的城市日愈膨胀、人口越发集中，大城市开始出现居住条件明显两极分化的现象。劳动人民聚居的“贫民窟”环境污秽、嘈杂。即使在市政府设施完善的资产阶级住宅区也由于地价昂贵，经营宅园不易。资产阶级纷纷远离城市寻找清净的环境，加之以现代交通工具的发达，百十里之遥朝发夕至。于是，在郊野地区兴建别墅园林成为一时风尚，19 世纪末到 20 世纪是这类园林最为兴盛的时期。

当时的许多学者已经看到城市建筑过于稠密和拥挤所造成的后果，特别是终年居住在贫民窟里面的工人阶级迫切需要优美的园林环境作为生活的调剂。因此，在提出种种城市规划的理论和方案设想的同时也考虑到园林绿化的问题。其中霍华德倡导的“花园城市”不仅是很有代表性的一种理论，而且在英国、美国都有若干实践的例子，但并未得到推广。至于其他形形色色的学说则大都是资本主义制度下不易实现的空想。另一方面，在资产阶级居住区也相应出现了一些新的园林类型，比较早的如伦敦花园广场。

12.20 世纪以来（“一战”以后）——现代流派园林

第一次世界大战以后，造型艺术和建筑艺术中的各种现代流派迭兴，园林也受到他们潜移默化的影响。把现代艺术和现代建筑的构图运用于造园设计，好像勒诺特式园林之运用古典主义建筑的原则一样，从而形成一种新型风格的“现代园林”。这种园林的规划讲究自由布局和空间的穿插，建筑、水、山和植物讲究体形、质地、色彩的抽象构图，并且还吸收了日本庭园的某些意匠和手法。现代园林随着现代建筑和造园技术的发达而风行于全世界，至今方兴未艾。

二、中国园林发展史

中国古典园林历史悠久，文化底蕴深厚，极具艺术魅力，为世界三大园林体系（东方园林、西方园林、伊斯兰园林）之最。

1. 商周时期——圈

据有关典籍记载，我国造园始于商周，其时称之为圈。商王“好酒淫乐…益收狗马

奇物，充彻宫室，益广沙丘苑台（注：河北邢台广宗一带），多取野兽（飞）鸟置其中”。周文王建灵囿，“方七十里，其间草木茂盛，鸟兽繁衍”。最初的“圈”，就是把自然景色优美的地方圈起来，放养禽兽，供帝王狩猎，所以也叫游囿。天子、诸侯都有圈，只是范围和规格等级上有差别，“天子百里，诸侯四十”。

2. 汉朝时期——苑

汉朝称苑，在秦朝的基础上把早期的游囿，发展到以园林为主的帝王苑囿行宫，除布置园景供皇帝游憩之外，还举行朝贺，处理朝政。汉高祖的“未央宫”，汉文帝的“思贤园”，汉武帝的“上林苑”，梁孝王的“东苑”，宣帝的“乐游园”等，都是这一时期的著名苑囿。

3. 魏晋南北朝时期——山水园、寺庙园

社会经济繁荣，文化昌盛，士大夫阶层追求自然环境美，游历名山大川成为社会上层普遍风尚。文人、画家参与造园，进一步发展了“秦汉典范”。他们把诗画作品所描绘的意境情趣，引用到园景创作上，寓画意于景，寄情于山水，逐渐把我国造园艺术从自然山水园阶段推进到写意山水园阶段。北魏张伦府苑，吴郡顾辟疆的“辟疆园”，司马炎的“琼圃园”“灵芝园”，吴王在南京修建的宫苑“华林园”等，都是这一时期有代表性的园苑。另外南北朝时佛教兴盛，广建佛寺。佛寺建筑可用宫殿形式，宏伟壮丽并附有庭园。

4. 隋唐时期——写意山水园林

隋朝结束了魏晋南北朝后期的战乱状态，社会经济一度繁荣，加上当朝皇帝的荒浮奢靡，造园之风大兴。隋炀帝“亲自看天下山水图，求胜地造宫苑”。迁都洛阳之后，“征发大江以南、五岭以北的奇材异石，以及嘉木异草、珍禽奇兽”，都运到洛阳去充实各园苑，一时间古都洛阳成了以园林著称的京都，“芳华神都苑”“西苑”等宫苑都穷极豪华。隋“西苑”的布局继承了汉代“一池三山”的形式，16 组建筑庭园分布在山水环绕的环境之中，成为苑中之园，这是从秦汉建筑宫苑转变为山水宫苑的一个转折点。

唐太宗“励精图治，国运昌盛”，社会进入了盛唐时代，宫廷御苑设计也越发精致，特别是由于石雕工艺已经娴熟，宫殿建筑雕栏玉砌，格外显得华丽。“禁殿苑”“东都苑”“神都苑”“翠微宫”等等，都空前华丽。盛唐时期，中国山水画已有很大发展，出现了寄兴写情的画风。园林方面也开始有体现山水之情的创作。盛唐诗人、画家王维在蓝田县天然胜区，利用自然景物，略施建筑点缀，营建了辋川别业，形成既富有自然之趣，又有诗情画意的自然园林。苏轼称赞说：“味摩诘之诗，诗中有画；观摩诘之画，画中有诗。”

5. 宋朝时期——叠石、堆山、理池

宋朝、元朝造园也都有一个兴盛时期，特别是在用石方面，有较大发展。宋徽宗在“丰亨豫大”的口号下大兴土木。他对绘画有些造诣，尤其喜欢把石头作为欣赏对象。

唐宋写意山水园林在体现自然美的技巧上取得了很大的成就，如叠石、堆山、理水等，都有了一定的程式。

6. 明清时期——造园达到顶峰

明、清是中国园林创作的高峰期。皇家园林创建以清代康熙、乾隆时期最为活跃。当时社会稳定、经济繁荣给建造大规模写意山水园林提供了有利条件，如“圆明园”“避暑山庄”“畅春园”等等。私家园林是以明代建造的江南园林为主要成就，如“沧浪亭”“留园”“拙政园”“寄畅园”等等。同时在明末还产生了园林艺术创作的理论书籍《园冶》。明清园林在创作思想上，仍然沿袭唐宋时期的审美观，以“小中见大”“须弥芥子”“壶中天地”等为创造手法。自然观、写意、诗情画意占据创作的主导地位，园林中的建筑起了最重要的作用，成为造景的主要手段。园林从单纯的游赏向可游可居方面发展，大型园林不但模仿自然山水，而且还集各地名胜于一园，形成园中有园、大园套小园的风格。现代保存下来的园林大多属于明清时代。

明代宫苑园林建造不多，风格较自然朴素，继承了北宋山水宫苑的传统。主要集中在北京、南京、苏州一带。当时苏州由于农业、手工业十分发达，许多官僚地主均在此建造私家宅园，一时形成一个造园的高潮。现存的许多园林如拙政园、留园、艺园等，最初都是在这个时期建造的。

清代宫苑园林一般建筑数量多、尺度大、装饰豪华、庄严，园中布局多园中有园，即使有山有水，仍注重园林建筑的控制和主体作用。不少园林造景模仿江南山水，吸取江南园林的特色，称为建筑山水宫苑。清代园林的一个重要特点是集各地园林胜景于一园，采用集锦式的布局方法把全园划分成为若干景区，每一风景都有其独特的主题、意境和情趣。代表作有北京的颐和园、圆明园和承德避暑山庄。避暑山庄有康熙三十六景和乾隆三十六景，金山亭模仿镇江金山寺，烟雨楼模仿嘉兴烟雨楼，文园狮子林模仿苏州狮子林等。

明清私家园林在前代的基础上有很大的发展。较有名的江南园林分布在苏州（有拙政园、留园、狮子林、沧浪亭、网师园等）、无锡（有寄畅园等）、扬州（有个园、何园等）、上海（有豫园、内园等）、南京（有瞻园等）。

中国造园艺术，是以追求自然精神境界为最终和最高目的，从而达到“虽由人作，宛自天开”的意境。它深浸着中国文化的内蕴，是中国五千年文化史造就的艺术珍品，是一个民族内在精神品格的写照，是我们今天需要继承与发展的瑰宝。

第三节 社会系统因素

一、环境行为心理学

环境行为心理学是研究个体行为与其所处环境之间相互关系的学科。它主要研究环境和心理的相互关系，即用心理学的方法分析人类经验、活动与其社会环境（尤其是物理环境）各方面的相互作用和相互影响，揭示各种环境条件下的心理发展规律。环境心理学又称为环境行为学，即把人类的行为（包括经验、行为）与其相应的环境（包括物质的、社会的、文化的）两者之间的相互关系和相互作用结合起来加以分析。

同时，环境行为心理学还有其地域空间的特征。一个地方特有的地形地貌和与之俱来的居民的风土人情或性格之间有着一定的联系，如草原人的豪爽、黄土地人的憨厚纯朴、江南人的精明能干等。环境对人的性格的塑造在某种程度上起着一定的作用。因此，环境和人的行为、心理之间存在着一定的联系。

环境行为心理学的研究成果被许多领域关注、借鉴，如城市学家、社会学家、建筑设计师等等。1960 年前后，有心理学家提出了"空间关系学"的概念，并在一定程度上将这种空间尺度加以量化：密切距离（0~0.45 米），个人距离（0.45~1.20 米），社交距离（1.20~3.60 米），公共距离（7~8 米）。20 世纪 60 年代后，这种理论开始对设计学起到指导作用。1960 年凯文·林奇在《城市意象》中尝试找出人们头脑中意象的方法，并将之描绘表达出来，将之应用于城市景观设计。他通过收集尝试让居民回答的问题和一些城市意象图资料发现其中有许多不断重复着的要素、模式。这些要素基本上可以分为五类：道路（Path）、边界（Edges）、区域（Distinct）、中心与节点（Nodes）、标志物（Landmarks）。可见，环境空间会对人的行为、性格和心理产生一定的影响，进而会影响到一个民族和国家的气质，同时人的行为也会对环境造成一定的影响，尤其是体现在城市居住区、城市广场、城市公园街道、工厂企业园区、城市商业中心等人工环境的设计和使用上。

1. 人类活动的行为空间

行为空间是指人们活动的地域，它包括人类直接活动的空间范围和间接活动的空间范围。直接活动空间是人们日常生活、工作、学习所经历的场所和道路是人们通过直接的经验所了解的空间；间接活动空间是指人们通过间接的交流所了解到的空间，包括通过报纸、杂志、广播、电视等宣传媒体了解的空间。人们的间接空间活动范围比直接活动空间的范围大得多。直接活动空间与人们的日常行为活动关系极为密切，间接活动空间则极力推动人们进一步的空间探索与行为从而产生迁移行为活动。

2. 人的活动行为是确定空间场所和流线的基础

环境行为心理学将人类的日常活动行为分为以下方面：

（1）通勤活动的行为空间；

（2）购物活动的行为空间；

（3）交际与闲暇活动行为空间。

我们要考虑以上三种行为与环境空间设计的关系。通勤活动的行为空间主要是指人们上学、上班过程中所经过的路线和地点。这时，人们包括外地游览观光者在内对环境空间的体验是对由建筑群体组成的整体街区的感受。风景园林设计在这个层面上应当把握局部设计与整体的融合。

购物活动的行为空间受到消费者的特征影响，商业环境的影响，居住地与商业中心的距离的影响。因此，在这个层面上主要考虑商业环境及其设施的设计，除了可以完成令人们身心愉悦的购物行为外，还要在一定程度上满足人们的休息、游玩等功能。商业环境的成功营造不但可以改变城市地价，提升城市活力，还会抬升城市的品牌。在这个意义上讲，良好的风景园林设计是经营城市的重要途径之一。

交际与闲暇活动行为空间。朋友、同事、邻里和亲属之间的交际活动是闲暇活动的重要组成部分。这些行为的发生往往会在住宅的前后、广场、公园、体育活动场所以及家里进行。因此，这些行为所设计的场所是风景园林设计研究的重要内容。

以上三种行为空间及其相应的设计实践领域不是截然分开的，它们之间存在着密切的联系。在具体的项目设计时要通盘考虑，突出重点。

有另外的观点，将人类行为简单分为以下三类：

（1）加强目的性行为。即设计时常常提到的功能性行为，如商店的购物行为展览馆的展示功能，公园的游览观赏功能等。

（2）伴随主目的的行为习性。典型的是抄近路的行为习惯，一般来讲，在到达目的地的前提下，人会本能地选择最近的道路。这是人固有的行为决定的。因此，在住区道路、游园设计、街头广场绿地的设计时都要考虑这点。

处理方法：按照传统的观点对抄近路的处理方式是利用围墙、绿化、高度差进行强行调整。这种处理方法，很明显地可以解决问题，但给人的感受是场地使用的不方便。因此，良好的处理方法是充分考虑人的行为习性，按照人的活动规律进行路线的设计。这里有一个大家都很熟悉的例子我们再次来借鉴一下。有一公园的线路设计，在公园的主体建设完成后，剩下了部分的草坪中的碎石铺路还没有完成。他们的做法是等冬天下雪后，观察人们留下最多的脚印痕迹确定碎石的铺设线路。这既充分考虑了人的行为，又避免了不合理铺设路线的财力物力的浪费。在很多地方我们可以发现，游园或草坪中铺设了碎石或各种材质的人行道，但在其周围不远的地方常常有人们踩出来的脚印。这说明我们设计铺设的线路存在一定的不合理性。

（3）伴随强目的性行为的下意识行为。这种行为比前面两种更加体现了一种人的下意识和本能。如人们的左转习惯，人们虽然意识不到为什么左转弯，但是实验证明，如果防火楼梯和通道设计成右转弯，疏散的速度会减慢。这种行为往往不被人重视，但却是非常重要的。

3. 环境行为学影响下的风景园林设计

一个好的风景园林设计不仅仅能够为人们创造高品质的生活居住环境，同时能够帮助人们塑造一种新的生活意识，让人与自然、人与人的关系更加和谐。下面结合环境行为心理学的研究，分析怎样的风景园林设计是令人满意的。

（1）安全性

安全是人类生存的最基本的条件，包括生存条件和生活条件，如土地、空气、水源、适当的气候、地形等因素。这些条件的组合要可以满足人类在生存方面的安全感。例如在城市中滨水景观的塑造中，所承担的第一要义是满足江、河、湖的行洪、泄洪等关系到城市安全格局和减少自然灾害对人类的影响的问题，满足休闲娱乐功能就退居到次要地位。

（2）领域性

领域性可以理解在保证有安全感的前提下，人类从生理和心理上对自己的活动范围要求有一定的领域感，或领域的识别性。领域性确定后，人们才有安全感。在住区、建筑等具有场所感的地方，领域性体现为个人或家庭的私密或半私密空间，或者是某个群体的半公共空间。一旦有领域外的因素入侵，领域感受到干扰，领域内的主体就会产生不适或戒备因素。例如，风景园林中领域性的营造，可以通过植被的设计运用实现。在私人庭院中，常见的绿色植栽屏障给家庭中的各个区域进行了空间限制，从而使家庭成员获得相对的领域性。

（3）公共性

人们在需要私密性空间的同时，也需要自由开阔的公共空间。环境心理学家曾提出社会向心与社会离心的空间概念。园林绿地同样可分为绿地向心空间和绿地离心空间。前者诸如城市广场、公园、居住区中心绿地等，广场上要设置冠阴树，公园草坪要尽量开放，草坪不能一览无余，要有遮阳避雨的地方。居住区绿地中的植物品种要尽量选择观赏价值较高的观叶、观花、观果植物等等。这些设计思路都是倾向于人相对聚集，促进人与人之间的相互交往，并进而寻求更丰富的信息。

（4）宜人性

人们除了心理和生理上的需求外，还有一种难以描述清楚的对环境的满意度。可以理解为周围的树林、草坪、灌木、水体、道路等因素的综合视觉满意程度。人们虽然无法提出详细、具体的要求目标，但对居住地和住所有一个模糊的识别或认可的标准，比如可以划分为：喜欢、不喜欢、厌恶；满意、一般、不满意等。例如花园中的园艺设施，可以提供给游人自己动手的机会，让其参与到园艺活动中，在欣赏的同时也进行了互动，使人获得参与的满足感和充实感。

了解了人类的基本空间行为和对周围环境的基本需求，在风景园林设计时心里就有一个框架或一些原则来指导具体的设计思路和设计方案。因此，环境行为心理学是设计过程中内在的原则之一，它虽然不直接指导具体的设计思路，但却是方案设计和确定的基础，否则设计的方案只是简单的构图，不能很好地给使用者提供舒适的活动空间和场所。此外，简单的构图创作除了不能满足使用功能外，还会造成为了单纯的构图效果浪费大量项目建设资金以及由于管理不善引起的资金流失。

二、空间形态构成学

自包豪斯设计学院出现，构成学这一概念就慢慢兴起。而且作为基础教学课程在建筑、规划、园林、艺术设计等专业教学中应用得非常广泛。其主要内容是空间造型的方法与原理，研究如何创造形态，形态与形态之间怎样组合，以及形象排列的方法等。

实际上人类所有的创造即是对已知要素进行重构，大到宏观宇宙世界，小到微观原子世界，任何形态都是以自己不同的组合形式和结构关系而存在的，可以看作是不同的要素按照一定的规律组成的。于是人们将形态分解成各种要素，然后研究这些要素及它们之间的组成关系，再按一定的形式或美的规律进行组合，就可以得到新的形态。

同样道理，所有设计学科都具有相同的空间形态基础知识。多年来，以建筑师为首开展了一系列空间造型研究，其中的平面构成和立体构成部分内容也适用于风景园林的空间形态训练。色彩部分我们将在下一章节中进行讨论。

1. 构成的基本要素——点及其在风景园林中的设计手法

点是构成形态的最小单元和细胞。点排列成线，线的运动轨迹产生面。事实上我们生活的空间没有单独的点元素，我们所说的点往往是在环境中，和周围的形态相比，呈现出面积较小、相对集中的成分，我们都将其抽象成点元素。

在构图布局中，点具有很强的调节和修饰作用。在几何学上，点只表示位置，没有长度、宽度及面积。但在实际过程中，至于面积多大才能定义为点，要靠与周围其他形象比较而定，如一个广场本身是巨大的，但在广阔的城市中却成了一个点。

单独的点元素会起到加强和强调那个位置的作用，具有肯定的特性。两个点往往暗示了线的趋势。如果一个平面内有 3 个或 5 个点，会产生消极的面的联想，具有松散的面的特征。如果一个面内的点密集到了一定程度就会形成点群的性格。

风景园林艺术中的植物、亭、塔、雕塑、小品、水景等有一定位置的均可视为点。在设计中利用点的特性对景物进行设计和创造，达到风景园林设计的目的，有以下几种方法：

（1）运用点的集聚性及焦点特征，创造空间美感和主题意境

点具有高度集聚的特性，很容易形成视觉的焦点和中心。点既是景的焦点，又是景的聚点，小小的一个点，可以成为风景的主要视觉中心。在进行风景园林设计构思的时候，要极其重视点的作用，要“画龙点睛”。

例如在轴线的节点上或轴线的终点位置，往往设置主要的景观要素，形成园景的重点，突出景观的中心和主题。例如，在烈士公园的轴线尽端，往往会布置主体的建筑或构筑物，尺度和体量巨大；西方的皇家古典园林轴线中往往也会进行大的雕塑和喷泉的布置。

又如利用地形的变化，在地形最突出的地方设置景观要素，在山顶上布置亭子、塔等作为整个风景构图的中心，成为远眺的视觉焦点。

（2）运用点的排列组合形成节奏感和秩序美

点的运动、分散与密集，可以构成线和面。同一空间不同位置的两个点，点与点之间会产生心理上的不同感觉：疏密相同，高低起伏，排列有序，有明显的节奏韵律感。在风景园林中将点进行不同的排列组合，同样能构成有规律、有节奏的造型，形成不同的场所感和特定意义。这一点，在现代风景园林设计中是经常被使用到的构成手法。

（3）散点构成在园林中的视觉美感

散点构成如同风格多样的散文、旋律优美的轻快音乐，在园林环境中布置一些散点，可以增强环境自由、轻松的氛围，有时由于散点所具有的聚合感和离散感，往往会给园林带来如诗般的意境。具体的园林设计手法中，通常会采用石头、涌泉、雕塑小品和植物的形式出现在空间中。

但是由于点所具有的动感，活泼，自由等语义特征，视觉感受较强，可以轻松地营造出强调活跃的空间氛围，在风景园林中，不宜过多地采用点这一要素，否则可能造成凌乱繁杂的感觉，空间构成抓不住重点，给人们的心理带来不舒服的感受。

2. 构成的基本要素——线及其在风景园林中的设计手法

线，是点运动的轨迹，面与面相交也能形成线。线是具有位置、方向和长度的一种几何体，可以把它理解为是点运动后形成的。与点强调位置和聚集所不同的是，线更强调方向与外形。几何学上，线只有长度、方向而没有宽度。但是在平面构成中，线在画面上有粗细之分。

线的种类有很多区分，一般分为直线和曲线两种。直线又可分为水平线、垂直线、斜线和折线；曲线通常的形式又有自由曲线和规则曲线之分。

线是平面构成中最重要的元素。首先，线具有很强的表现力，线是面的边界，一系列的线排列又形成虚面的形态，因此线可以表现任何物体的轮廓、质感和明暗；其次，不同形式的线还带有情感特征，不同的轻重缓急、抑扬顿挫等。在风景园林设计中，经

常会借助不同情感和性格特征的线划分和间隔空间，从而使空间传达出想要表达的场所感和空间情绪。

直线具有男性的特征，有力度，相对稳定。对于园林作品来说，直线具有标准、现代和稳定的感觉，在现代园林设计中大量采用。而曲线则富有女性柔美的特征，阴柔、优美和具有弹力是曲线的重要特征。在园林设计中有相对长度和方向的园路、长廊、围墙、栏杆、溪流、曲桥等经常会使用曲线作为造型元素。

（1）直线在园林设计中的应用

水平线、垂直线和斜线是直线在造型中经常出现的三种形态。在园林中由于直线是抽象的视觉产物，所以具有表现的纯粹性和更强的视觉冲击力。在园林中应用水平线，如直线型的道路、铺装、直线型的绿篱、水池、台阶等，都会给景观带来稳定、统一、庄重的方向性。垂直线往往具有庄严、严肃、坚固、挺拔向上的感觉。园林中，经常采用垂直线的有序排列和节奏，形成形体挺拔有力、高大庄重的艺术效果。例如中山岐江公园中，垂直细钢柱的重复矩阵排列，就形成了非常强烈的节奏和序列感。斜线动感较强，具有奔放、运动的特征。但运用不当，一旦出现在视觉中心，会具有强烈的不稳定感，因此在园林中，尽量与水平、垂直线配合使用，使之与环境相协调。

但直线形态处理不当或过于明显时，通常会及时加入一些其他线形来补充和调整，以缓和过于强烈的视觉感受。

（2）曲线在园林设计中的应用

曲线的基本属性是柔和的，具有变化性、虚幻性、流动感和丰富性的特征。为了模仿和体现这种属性，古典园林中几乎所有的线都顺应了自然的曲线——山峰起伏、河岸弯曲、道路蜿蜒、植物配置也避免形成规则的直线状。即使是亭台楼阁等人工的建筑，往往也会在屋顶起翘形成优美的自由曲线。另外古典园林道路线型也是自然弯曲的，能够在有限的园林空间中，最大限度地延伸空间与时间。

在高强度和快节奏的城市生活中，我们当然希望通过曲线在园林中的应用给人带来轻松、自由的感受。但是，曲线的弯曲要适度，有张力与弹性，否则可能会使空间绵软无力、缺乏精神。

3. 构成的基本要素——面及其在风景园林中的设计手法

面是线运动的轨迹，面也可以是体的外表。一般由线界定，具有一定的形状。在应用中通常把面分为几何形、有机形和偶然形。几何形面就是具有一定几何形状的面，圆形、方形都属于此类面；有机形面指不具有严谨的几何秩序，形状较为自然的面；偶然形面是指形成于偶然之中，如在图纸上随意泼墨涂抹形成的面。

几何形面呈现一种严谨的数理性秩序，给人一种简洁、安静、井然有序的感觉，但有时又过于严谨和理性。有机形的面一般具有柔软、生动的感觉，并且在应用中，由于较强的随意性表现出独特的个性魅力。偶然性的面外形难以预料，给人以模糊、非秩序的美感，设计中，也常会达到意想不到的效果。

（1）几何形面在园林中的应用

几何形面是人工的产物，在园林中主要运用于表现同样精神的规则式景观如规则式景观中的空地、广场、封闭的草坪等。几何状的景观水池也是西方景观中普遍采用的，常见的形式有方形、圆形、长方形、椭圆形和多边形等。

对称规则型平面是几何形面的一种特殊形式。在风景园林中大多应用于一些纪念性广场或景观中。如北京的天安门广场、南京的中山陵广场、广州的烈士陵园等。直线型的组合容易形成一种庄严、肃穆的纪念氛围，达到广场的政治功能和集散功能。另外，在现代公园的入口等景观集散地也经常会采用几何形态的广场，容易实现聚会、集散的功能。几何形平面园林景观最忌讳空旷单调，我们可以结合多种造型的树池、花坛、喷泉等配合使用。

（2）自由曲线平面在园林中的应用

自由曲线平面是曲线与曲面结合的产物，突出自由、灵动、随意的特点，在以“虽由人作，宛如天开”为主导思想的中国传统园林设计中应用得比较广泛。通常中国古典园林中，开阔的广场、自然形的水体轮廓、草地植物的种植形态都是呈自由曲线型的。

在风景园林设计中，依随平面构成的形式非常多。按照所有的要素，基本可以分为点、线、面的要素构成。依照构成的规律和形式特点又可将这三大要素解构和重组成为重复、渐变、发散、近似、对比、特异、密集构成等形式。但万变不离其宗，掌握了这三大要素的特点，再依照规律，就可以充分发挥平面构成在风景园林设计中的作用了。

三、色彩美学

随着现代色彩学的发展，人类的物质文明和精神文明不断提高。人们已经不再满足于对环境目的的明确和对生活的需要，而慢慢地注重于感性上的需求。色彩被赋予了更多的含义，在园林景观设计中也受到了极大的重视。色彩是设计中最具表现力和感染力的因素，经验丰富的设计师十分注重对色彩的运用，重视色彩对人的心理和生理影响，利用人们对色彩的视觉感受来创造富有个性、层次和情调的环境。

色彩学在风景园林设计中的应用，主要体现在空间环境的创造和氛围的营造上。同质量、结构等硬性指标相比，色彩在软环境的塑造上发挥着重要作用。通过对整个景观环境的统一规划，合理地运用色彩满足人们视觉的极致享受。

自然界中的色彩是非常丰富的，比如天空的蓝色、草地的绿色。但是最基本的只有三种颜色，即红、黄、蓝这三原色。所有的色彩都是由这三原色调和产生的。自然界中的颜色又可以分为非色彩和色彩两大类。其中黑白灰属于非色彩类，其他的色彩处于色彩类。任何一种色彩都具有三个基本的特性，即色相、明度和纯度。其中非色彩只具有明度属性。

1. 色彩的生理效应

色彩是园林设计中的重要媒介。研究证明，色彩是具有生理、心理、物理等多重属性的。例如人们总是在视觉上最先感受到环境和色彩，色彩的处理不仅影响着视觉，同时也影响人们的情绪和工作效率。研究发现，当人置身于绿色的环境中，皮肤温度可降低 1~2℃，脉搏每分钟减少 4~8 次，呼吸减慢，血压降低，心脏负担减轻。因此在风景园林设计中，以绿色为主的基调是减缓人们压力，带来舒适感受的自然环境色彩。应该说，绿色是风景园林设计中的主色调和基础色。从生理学角度来讲，属于最佳的色彩有淡绿色、淡黄色、天蓝色、浅蓝色、白色等。长时间对单一色彩的疲劳感可以通过色彩之间的调换来减轻。

2. 色彩的心理作用

在色彩学中把不同色相的色彩分为暖色、冷色和中间色。橙色、红色、黄色等色彩被称为暖色或积极色；蓝色、蓝紫色、蓝绿色等被称为冷色或消极色。因此，色彩可以改变空间的冷暖温度感。暖色调会让人有温暖的感觉，冷色调让人有清凉的感觉。

色彩还可以使人感觉进退、凹凸、远近的不同。一般暖色和明度高的色彩具有前进、突出、贴近的效果。而冷色和明度较低的则具有后退、凹进、远离的效果。正是由于这种空间色彩的心理效果，在一些狭窄的空间中，若想使它变得宽敞，就可以使用明亮的冷色调。而在细长的空间中，可以远端的两壁涂以暖色，近端的两壁涂以冷色，空间就会从心理上感觉到更接近方形。

3. 色彩学在风景园林设计中的应用

冷色系的色彩由于波长较短，可见度低，在视觉上有远远的感觉。在风景园林设计中对于一些空间较小的环境边缘，可根据情况采用冷色或倾向于冷色的植物。如绿连翘、小叶黄杨、冬青、茶叶榕等植物，可增加空间的深远度或视觉上的远近感。同时在面积和体积上冷色也具有收缩感，同等面积的色块，在视觉上冷色比暖色面积感要小。在风景园林设计中,要使冷色和暖色获得同样大小面积的感觉就必须使冷色面积略大于暖色。另外，在炎热的夏季和温度较高的南方，采用大面积的冷色会给人带来清凉和宁静的感觉。

暖色系主要指红、黄、橙以及这三种颜色的邻近色。暖色系色彩波长较长，可见度相当高，色彩感觉比较跳跃，是一般园林设计中比较常用的色彩。暖色在人们的审美情趣中象征热烈、欢快，风景园林设计中，多用于节日或庆典的中心，如广场的中心花坛，庭院的中心景点和交通要道、中心花坛等。同时在北方寒冷的地区，园林景观设计多采用温暖鲜艳的颜色来抵御寒冷感。

对比色在风景园林设计中的使用以补色的对比为主。补色色相差距大，对比强烈，在设计中常使用红绿对比、黄紫对比、蓝橙对比。有时也使用同类对比，如红黄对比、黄橙对比、蓝绿对比。对比色在景观中的设计适用于游园、广场、主要路口和重大的节日场景中。利用对比色形成各种图案和花坛、花柱、主体造型等，另外在现代园林景观设计中也经常使用到补色对比，如在中山岐江公园的设计中，采用大面积的绿色植物为基调，同时以红色的钢构架和雕塑小品形成视觉的中心焦点。这种补色对比的关系较强烈，但在实际使用中要注意用面积大小、纯度等手法来进行协调。

第四节　自然系统因素

一、生态学

生态学（ecology）是生物生存环境科学的意思。德国动物学家海尔克（Haeckel），1866 年首次将生态学定义为：研究有机体与其周围环境——包括非生物环境和生物环境——相互关系的科学。生态学由于其综合性和理论上的指导意义而成为现今社会无处不在的科学。

景观生态学是工业革命后一段时期人类聚居环境生态问题日益突出，人们在追求解决途径的过程中产生的。1939 年由德国生物地理学家特罗尔（Troll）提出。他指出景观生态学由地理学的景观学和生物学的生态学两者组合而成，是表示支配一个地域不同单元的自然生物综合体的相互关系分析。这使人们对于景观生态的认识上升到了一个新的层次。后来，德国另一位学者布赫瓦尔德（Buchwaid）进一步发展了景观生态的思想，他认为景观是个多层次的生活空间，是由陆圈、生物圈组成的相互作用的系统。

美国景观设计之父奥姆斯特德的经验生态思想、景观美学和关系社会的思想通过他的学生和作品对景观规划设计产生了巨大的影响。

第二次世界大战后，工业化和城市化的迅速发展使城市蔓延，生态环境系统遭到破坏。伊恩·伦诺克斯·麦克哈格（Lan Lennox Mcharg）作为景观设计的重要代言人，和一批城市规划师、景观建筑师开始关注人类的生存环境，并且在景观设计实践中开始了不懈的探索。他的《设计结合自然》（*Design With Nature*）奠定了景观生态学的基础，建立了当时景观设计的准则，标志着景观规划设计专业勇敢地承担起后工业时代重大的人类整体生态环境设计的重任，使景观规划设计在奥姆斯特德奠定的基础上又大大扩展了活动空间。他反对以往在土地和城市规划中功能分区的做法，强调土地利用规划应遵从自然固有的价值和自然过程，即土地的适宜性。

现代景观规划理论强调水平生态过程与景观格局之间的相互关系，研究多个生态系统之间的空间格局及相互之间的生态系统，并用“斑块—廊道—基质”来分析和改变景观。景观规划依此为基础开始了新的发展与进步。

二、生态要素与风景园林

园林设计中要设计的生态要素包括水环境、地形、植被、气候等几个方面。

1. 水环境

水是生物生存必不可少的物质资源。地球上的生物生存繁衍都离不开水资源。同时水资源又是一种能源，在城市中水资源又是景观设计的重要造景的素材。一座城市因山而显势，存水而生灵气。水在城市景观设计中具有重要的作用，同时还具有净化空气，调节局部小气候的功能。因此，在当今城市发展中，有河流水域的城市都十分关注对滨水地区的开发、保护。临水土地的价值也一涨再涨。人们已经认识到水资源除了对城市生命力的支持，在城市发展中也起着重要作用。在中国，对城市河流的改造已经成了共识，但是具体的改造和保护水资源的措施却存在着严重的问题。比如对河道进行水泥护堤的建设，却忽视了保持河流两岸原有地貌的生态功效，致使出现了河水无法被净化等问题。

2. 地形

大自然的鬼斧神工给地球表面营造了各种各样的地貌形态，平原、丘陵、山地、江河湖海。人们经过长久的摸索、进化，选择了适合生存居住的盆地、平原、临河高地。在这些既有水源，又可以获得食物或可进行种植的地方，繁衍出地域各异的世界文明。

在人类的进化过程中，人们对地形的态度经过了“顺应一改造一协调” 的变化。在这个过程中，人们是付出了巨大的代价的。现在，人们已经开始在城市建设中关注对地形的研究，尽量减少对原有地貌的改变，维护其原有的生态系统。

在城市化进程迅速加快的今天，城市发展用地略显局促，在保证一定的耕地的条件下，条件较差的土地开始被征为城市建设用地。因此，在城市建设时，如何获得最大的社会、经济和生态效益是人们需要思考的问题。尤其是在场地设计时需要考虑，由于场地设计的工程量较大而且烦琐。因此，可以考虑采用 GIS、RS 等新技术进行设计。可以在项目进行之前，对项目的影响做出可视化的分析和决策依据。

3. 植被

植被不但可以涵养水源、保持水土，还具有美化环境、调节气候、净化空气的功效。因此，植被是景观设计的重要设计素材之一。因此，在城市总体规划中，城市绿地规划是重要的组成部分。通过对城市绿地的安排，利用城市公园、居住区游园、街头绿地、街道绿地等，使城市绿地形成系统。城市规划中采用绿地比例作为衡量城市景观状况的指标，一般有城市公共绿地指标、全部城市绿地指标、城市绿化覆盖率。

此外，在具体的景观设计实践时，还应该考虑树形、树种的选择，考虑速生树和慢生树的结合等因素。

4. 气候

一个地区的气候是由其所处的地理位置决定的，纬度越高，温度越低，反之则相反。但是，一个地区的气候往往是受很多因素综合作用的结果，如地形地貌、森林植被、水面、大气环流等。因此，城市就有“城市热岛”的现象，而郊区的气温就凉爽宜人。

在人类社会的发展中，人们有意识地会在居住地周围种植一定的植被，或者喜欢将住所选择在靠近水域的地方。人类进化的经验对学科的发展起到了促进作用。城市规划、建筑学、景观设计等领域都关注如何利用构筑物、植被、水体来改善局部小气候。

三、生态学理论在风景园林设计中的应用

1. 保护利用场地现有的自然生态系统

在风景园林设计过程中，应保护原有的生态系统，充分利用原场地的自然生态要素，如泉水、溪流、古树名木及地形等。例如，德国国际建筑展埃姆舍公园中众多的原有工业设施被改造成了展览馆、音乐厅、画廊、博物馆、办公室、运动健身与娱乐建筑，得到了很好的利用。公园中还设置了一个完整的 230 千米长的自行车游览系统，在这条系统中可以最充分地了解、欣赏区域的文化和工业景观，利用该系统进行游览，可以有效地减少对机动车的使用，从而减少环境污染。

2. 利用当地的乡土植物

乡土植物是产地在当地或起源于当地的植物。这类植物在当地经历漫长的演化过程，最能够适应当地的环境条件，其生理、遗传、形态特征与当地的自然条件相适应，具有较强的适应能力。在设计中应尽可能地利用原有的自然植被，或者建立一个框架，为自然再生过程提供条件，这也是发挥自然系统能动性的一种体现，同时可以降低养护和管理成本。

3. 园林设计中的再生水设计

高效率地用水，减少水资源消耗是生态原则的重要体现。将再生水用于城市景观环境，其优势是十分明显的：从水资源可持续利用的角度讲，这是一条经济、合理的途径，体现了城市水生态系统的自然修复、恢复与循环流动，包括物理过程、化学过程和生物过程；从使用功能的角度讲，可以满足缺水城市对于娱乐性水环境的需要，还可以将景观河道作为输水渠道，提供沿途的城市绿化用水、城市杂用和其他可能的工农业用户的水源，节省了长距离双管路的投资；从水源调节的角度讲，可以通过娱乐性蓄水池调蓄水资源在时间上的分布不均，满足干旱期的用水需求，同时通过改善水的流动、蒸发、移动、降水与渗透状态，间接改善缺水城市的水源涵养条件，从而达到改善自然气候条件以及水生态循环的目的。

综上所述，随着公众生态意识的不断增强和技术手段的不断改进，生态学的理念将日益深入人心，并不断渗透到人们的日常生活之中，同时对生态学理论在风景园林设计

中的深入和对设计手法的探索与拓展也必将更进一步。工程技术的支持，多学科、各专业的合作是未来生态设计发展的必然趋势。

第七章 风景园林的设计原理及程序

第一节 风景园林的地形分析

一、园林用地功能设计

园林用地的情况要进行分析，包括丈量面积，对地质状况、地下管道安放情况、地上周边情况、地理位置进行细致的分析。园林的地基大小、朝向、地势高低并无限制，只需因势利导，因地制宜，做好园林用地的功能区划设计。方者就其方，圆者就其圆，坡者顺其坡，曲者顺其曲，地形阔而倾斜的可以设计成台地，高处建亭台，低处幽池沼。现代小区楼房之间的间隙地造园，以曲径、草坪、亭、廊、水池、假山、竹木、花坛点缀，设计出观赏区、休闲区、健身区、儿童活动场所和网球、篮球场地，尽量做到功能性、观赏性和艺术性的有机结合。

二、园林用地类型

城市地：城市中园林景观设计的地形类别有建筑之间的空隙地、路边行道、住宅天井院落、阳台、客厅、屋顶绿化等等。庭园之中修曲径、水池，依墙置假山、盆景，种芭蕉、修竹、梅花、海棠、盆花，构成隙地、墙体或是房顶立体绿化景观。

山林地：山林地有天然的高低、曲折，营造园林极为方便。山脚低注处可凿成池沼，疏导出水的源流，池岸上可以突出亭台，陡峭处借助栈道，林木深处可以通幽径。栽花养鸟，偏处建花房鸟屋，令人感到园景幽深，回归自然。

郊野地：郊野造别墅修园林，要依自然地形，利用平缓的山冈和曲折的河流道路，切忌一味填平拉直。原有的树木不要砍伐殆尽，梅花丛中栽竹，柳树之间栽桃，水边安置湖石，做适当点缀修饰，便成园林佳趣。桥上有亭，亭中有棋桌石凳亭下有水，水中有鱼，池边有柳，墙边有竹，竹中有梅，俨然一幅别墅庭院小景。

江湖池沼地：江湖池沼地造园，切忌填湖筑坝，要认识到江湖沼泽湿地的美感。城市周边湿地有极重要的生态修复和净化水质功能。芦菲、浮萍以及芦花、野禽是优美的生态环境闲花野草、沙鸥、渔舟垂柳，都要尽可能地保护，稍加点缀成景观地，亭台、道路或桥梁即可产生世外情趣。

傍宅地：现代城市用地紧张，建筑隙地是进行园林绿化的珍贵用地，墙角下、道路旁、水池边都可以精心设计。如用贴墙假山，芭蕉护园，以凌霄、紫藤、爬山虎构成立体绿化。

三、地形改造与利用

地形的改造即土方工程一般是高处宜山，低处宜水幽池的土方挑到高处，使高处愈高，低处愈低，这是最经济合理的原则。如果是沙土，可以用沙包、木桩加固，以山石如黄石驳砌，再栽培根系发达的植物，能起到防止土方流失的作用。现代建筑周围建筑垃圾较多，要注意改良土壤，增加土壤肥力。根据地形地貌和景观环境，构思园林景观的规划，种植生命力强盛的树种，如紫藤、凌霄花、金银花、芭蕉等。或修建以某种植物为主的香樟园、杏园、梅园、万柳草堂，或建以水景石岸为主的阳光水岸、近水人家、曲水园。用诗词佳句、奇花异草、历史典故为园林命名，倚山可以叫作山庄，靠水则为水竹之居。

第二节 风景园林的造景方法

一、风景园林周边环境分析

1. 位置

园林用地往往是空隙地、边角地，甚至是垃圾填埋场，或是土丘、低洼地。但纵然是方寸之地，也可以设计得有花草树木、曲径断桥。现代城市住宅小区往往是寸土寸金，在两楼之间的隙地，正是园林景观的用武之地。地下可以建停车场，地面可建曲水池，以绿化亭台、美化环境。高楼以直线耸入云天，园林以曲径山水环绕其中，给小区以自然景象，形成休闲与小憩的空间。傍宅隙地可以设计立体绿化，充分利用屋檐滴水隙地与楼下阳台小院落，营造宜人优美的园林景观环境。

2. 分析

地形环境有地质环境和人文环境两大因素。山林地不应砍伐树木，不必推平山头丘陵，而应在历史旧貌的基础上点缀石阶，高处砌亭，低处掘池，叠石理水，栽培花木。郊野村庄中的荷塘垂柳、茅屋、小桥、芦菲、浮萍，均可以保留，加以点景、点题立意，就可以成为天造地设的人文景观。江湖池沼湿地，不必水泥驳岸，要遵从地形地貌的历史形成环境，因势利导。尤其是以历史文化景观为背景的环境景观设计，更不能切断历史文脉，要尊重历史、尊重环境，保护环境资源，使之成为园林景观的重要组成部分。

3. 环境

园林景观设计要充分考虑周边环境情况，真山前不宜堆假山，真水前不宜砌鱼池。在直线条的建筑群中，可以曲径环绕，注意刚与柔、直与曲、大与小、高与低的对比关系；在大面积建筑群中点缀山石花木，使用象征与寓意的艺术手法，将传统的天然园林景观材料与现代玻璃、水泥建筑形成对比，以达到回归自然的效果在形式、色彩、线条、材料、风格诸方面，充分考虑与周边环境的对比与和谐，点景、造景要充分利用周边环境。景点地形堵塞，以幽取其深；景点空旷，则以旷取其胜；有远山则宜掘近水，有水则筑水亭。如徐州汉画博物馆，利用云龙湖边废弃的采石场建造，以石壁山场为背景，砌大屋顶建筑，使画像石与采石场石壁形成内在的材质联系，具有良好的景观视觉效果。

4. 交通

园林景观的交通大道宜直，有停车场；园景道路宜曲，在园林内用步行道，用碎石铺地，有矾石、曲径，似羊肠小道；景观道路则是以绿化、绿岛、灯具等要素构成，宜通行机动车辆。园林景观区的道路设计是造园造景的游览干线，要移步换景，做到有韵致，有曲折，有高有下，有藏有露，以扩大园林的空间游览路线。

二、风景园林观赏角度和视点

园林观赏角度与视点是园林设计中一个很重要的思考。视点即风景的观赏点，观赏角度包含了仰视、俯视、平视。园林设计需要根据不同的视点位置来确定相对应的风景设计。观赏角度不一样，效果也截然不同。

1. 俯视、仰视的观景方式

由于园林景观是立体的空间实体，人们在观赏时，在不同的位置上有不同的观赏角度。处于同一高度时为平视；处于上方鸟瞰时为俯视；而从下方观看山亭飞爆时则为仰视。中国绘画中，有所谓平远、高远、深远的三远画法，平远则宜水泽平原，高远宜山林，深远则层峦叠嶂，达到全方位的景观欣赏。在园林造景时也要充分考虑到观赏者的视觉高度，做到俯仰自如，皆有景色。

俯视角度观风景的机会随着城市高楼大厦的林立越来越多，从俯视角度看景色美，关键在于园林设计的平面形状美。因此学风景园林专业的同学有条件也应该学一点平面设计的知识，这样在园林设计规划图中可以勾画出美的平面形式。如高楼围合的小区花园，花园下层是小区停车场，因停车场采光通风的天窗很多，裸露在地面表层很不美观。设计师将裸露的天窗藏进了花坛中，利用美丽的流线围绕成多个云型的花坛，花坛外形相互咬合，构图紧凑。在平面构成上利用了圆和圆弧的基本元素，花园形式既统一又富有变化，艺术处理方法得当。弧线花坛植物包裹遮挡了生硬的地下车库天窗，给人们带来的是流线花坛的流畅简洁之美。

2. 障景、借景、框景

中国园林的造园方法，往往长于借景。借景是园林景观设计的重要手法，大到借天上的月亮，砌观月亭、待月亭，借天上的太阳，建迎曦室、夕阳楼；小到借远山远水，建借山楼、平山堂、浩渺亭。借景可以使自然大环境与园林小环境达到最大限度的和谐与拓展。景在于借，不借不深。借景可以加深景观层次感，也使景观资源得到最大化的合理运用。

借景有远借、邻借、仰借、俯借、应时而借之分，风声、松涛声、树影、花影、云影、塔影均可以巧妙地被借到园林景观空间中来，以达到延伸园林景观的效果。

障景是对一些不必要的干扰景观因素加以遮挡，如电线杆、烟囱或风格不协调的建筑物。设置景观墙、假山，乃至屏风、山墙，都可以有障景的作用。

对景是对一些经典景观的观赏位置进行特别的设计，如将厅堂外景观直收眼底。对景的位置，可以直对门、直对窗、直对厅、直对大道必经之地，或是直对湖光山色片山玲珑、飞檐翘角、古塔、寺院、松枫、湖石。

对景往往又是和框景联系在一起的，框景之物可以是门框、窗框，也可以是墙体。一丛花木不成画，而使用景窗框景以后，就能形成折枝画本，有了宋代花鸟画的意境。

第三节 风景园林的尺度比例

一、壶中天地，小中见大

“壶中天地大，袖里乾坤宽”是道家神仙的典故，也是园林设计的方法。小中见大，是风景园林设计的基本尺度风景园林设计，在尺度比例上要有忍尺千里之势，形成思尺清幽、远隔喧嚣的效果；在景观安排上要园中有园、小中见大。中国传统园林除了皇家园林外，大多数都是私家园林，因造园面积有限，为了在小小的空间中实现山水植物风景园林，往往会用“缩景”的方式，将自然风景引入私家园林。因此私家园林基本是以小型风景的方式造景，追求“壶中天地，小中见大”。堆假山、挖水池、小桥流水、弯曲小道、筑花坛等都是在有限的空间中做小景。

二、一池三山，以少胜多

环绕一池曲水，叠山构筑亭台，这种造景思想，无论在皇家园林还是私家园林中都可以找到。“一池三山”式的中国古典园林设计是指将太液池与海上仙山蓬莱、方丈、瀛洲搬到园林中，用象征性的手法，“澄澜方丈若万顷，倒影思尺如千寻”，从方丈之水中体察碧波万顷，在忍尺之中感悟千寻倒影。这在私家庭院中运用很普及。山水风景是人们喜爱的景色，“一池三山”在小小的庭院中就是“以少胜多”的表现手法。

三、曲折有致，虚实相生

园林小景艺术在造园中的作用，是一寸三弯，曲中见长，“大中见小，小中见大，虚中有实，实中有虚，或藏或露，或浅或深”，在平面上以曲折分隔，在高度上以多层空间，周回曲折，以取得最大的空间效果。钱泳曰：“造园如作诗文，必使曲折有法。”明代造园家文震亨《长物志》中说：“一峰则太华千寻，一勺则江湖万里。”都是阐述通过曲折有致的表现方法，在很小的空间中，最大限度地增加游览路线与空间环境。曲径通幽，曲廊曲水、九曲之桥，产生最佳的设计效果。

总结以上几点，可以归纳为：城市山林，世外桃源。参差自然，曲折有致。园中有园，小中见大。移步换景，引人入胜。诗情画意，融为一体。对景借景，巧于因借。对比衬托，精在体宜。

第四节 风景园林的形式语言

风景园林设计就是创造不同的风景形式，寻找表达不同形式美的过程。当我们拿起笔进行园林设计时，首先就是设计平面规划图，实际就是在画平面图。然后是在平面形式的基础上考虑平面向上延伸拉高等方式出现的立面和风景效果，即形式语言在空间产生的状态。因此平面的形式是我们最先要考虑的设计语言。

我们可以将风景园林的形式语言大致分为自然形式和几何形式两大类。自然形式是不规则的，几何形式是有规则的，它们截然不同。走入自然风景区我们可以发现很多自然形式的美，可以模仿学习。几何形是人工形态，完美的几何形也是有规律可遵循的。园林设计中最常用的一个形式美法则就是：既统一又有变化。即在大的统一之下讲小对比。这样的设计布局是追求形式的整体、完美、和谐、统一。而小对比起到的是画龙点睛的作用。因此几何形式美与自然美一样也能让人感动，让人流连忘返。

美国景观设计师施瓦茨认为“直角和直线是人类创造的，当我们在园林中加入了几何感的秩序，也就为园林加入了人的思想。几何形清晰地界定了一个人造的和非自然的环境”。她还认为几何形式语言更适合城市环境的设计。下面我们概括地分析一下几何形式的基本语言。

一、矩形与直线、折线的形式语言

矩形是由直线组合而成的，它包含了正方形和长方形。平面矩形拉高则是矩形体块，无论从平面还是立体的角度去看，矩形平面、矩形体块和接近直线的面（空间中有线型之感的长条矩形），它们的形式既有共性又有个性，形式语言非常接近，因为都是由直线组合成的面和体块，基本构成要素也都是直线，所以属于同类形式语言。直线能变折线，还可以组成菱形、三角形、五边形、六边形等多边形。在设计中可以将这些接近的形作为不同的形式语言，进行归纳选择使用。如果我们取一个形式语言在一个空间里布局，即形相同，大小有变，则很容易实现“大统一小对比”的形式美法则，展现出的形式美也是令人满意的。几何式园林设计常用的方法有：大的矩形套小的矩形；以大小矩形为主，以圆球点缀；三角套三角等等。都是用同类语言组合加不同的形式元素获得“大调和小对比”的视觉效果。一个区域内使用的形式语言要简练，一至两个形式就可以，不要使用太多，以免多而杂影响到整体效果。但也要注意，统一过分容易引起单调枯燥之感，尽量表现有大小变化、相互咬合、结构紧凑、井然有序的形式。如：长短线的排列产生韵律的布局（线有长短变化）；线型栽植的植物与铺装相间形成的矩形与栽满植物成矩形体块相统一的布局（有深浅的变化）；矩形套矩形并带有旋转产生动感的布局（有大小角度的变化）等。直线矩形的特点是严肃、规整、平稳、刻板的，但也可转化为活泼，这需要用不等的形式改变规整的格局。如：用活泼的元素点缀，打破直线或矩形的规整，用一棵树或一块石头压在线上都可以达到此效果。总之，我们需要不断地学习研究和理解造园形式美法则，才能更好地发挥设计形式语言的特点和作用。

二、圆形与弧线、曲线的形式语言

圆形压扁了就是椭圆，无论是圆还是椭圆都可截断成不同长短的弧线，弧线又可正反串连成曲线，因此圆形、椭圆形、弧线和曲线如同一家人，有着一定的关联，我们将它归纳成同一种形式语言。圆形具有活泼和动感的特性弧线比直线更加柔和、优美、飘逸。巧妙地运用单纯的圆形和弧线形式语言，可以增添园林空间的活泼气氛，令视觉感轻松愉悦。但是所有的形式语言都不是随意使用就能获得好效果的，而是要在形式美的原则下经过精心推敲布局才能实现。在园林设计中，我们往往会在一张框好境内线的平面图纸上多思考一些。要分析路线、功能、景点布局等，考虑用什么形式来贯穿整合园林，选择什么样的形式语言巧妙地组合我们的铺装、花坛、水池、植物配置、道路等不同要素。选择严肃的、规整的、严谨的矩形直线形式语言，还是选择活泼的、灵动的、圆润的圆形弧线形式语言，这需要根据具体的环境来确立。如政府办公楼、纪念馆、历史博物馆等外环境需要的是严肃的环境，很适合直线为主的形式语言。而公园、城市广场、游乐场所等需要活泼的气氛，圆形弧形为主的形式语言更适合。设计经验告诉我们：只有适合特定环境的形式语言才能出好的效果。形式语言的运用需要我们掌握“既统一又有变化”的形式美原则，这样才能发挥形式语言在特定环境下的最大魅力。以弧线形式为主的形式语言构成风景园林的特点是整体感强、视觉优美，可形成自由的、活泼的、灵动的、柔美的、和谐的、波动的美景。

第五节 私家花园的设计步骤

花园一般有大小花园和动观花园静观花园之分。小花园因面积小、无走动空间而决定了其静观的特点；而大花园由若干个小花园风景组成，因空间面积都很大，必须设有观景路线，并有通向各个小景点的观赏路径。所以，大花园的观景模式除了行走时的动观，也有静观的特点。大小园林相比而言，大园林以动观为主，静观为辅；而小花园则是以静观为主，动观为辅。为了初步掌握风景园林设计，我们可以先从私家花园设计入手。

无论是设计花园小区，还是私家园林、公园，设计前都要对设计现场进行详细的调查和测量记录。设计师需亲临现场，对设计的范围、面积、方位朝向以及周边环境、邻里关系深入了解。对现场的人工构造物，如园墙（栅栏）、窨井盖、储藏箱、电线埋藏路线、现状植物等进行拍照记录，并与花园的主人交流，确定现场哪些物件需要保留，哪些需要撤除等等。然后将现状情况绘制成平面图。

现状图。测量的方法有两种，一种是顺着现场的墙体直接测量长度和宽度；另一种是物体与物体的对角测量法。对角测量法找点定位更加精确，不容易整体偏离产生误差。在没有墙体参照的环境中用对角的方法找点比较适合，一般都是以建筑固定的两个点连接到界线点，测量出实际尺寸。

分析图。分析图有现状分析图、功能分区图、路线分析图、视角分析图等。目的是让园林布局更加合理美观。

设计平面规划图。在分析图的基础上配置不同的功能区域后，设计路线将通往各区域的线路串通，并分出主道和次道。之后再在不同功能领域里分别组景，如植物配植、景石的布局等。通过草图的布局规划构图，经过反复思考和修改，确定最合适的布局，按实际的尺寸比例画出正式平面规划图以及园内植物、设施等配置表。

效果图。画私家园林效果图一般以主人常见的视角为立点，一点透视的平视画法适合较浅的庭院，若是在细窄较深的庭园，需要将视点提高，俯视观看才能看到全景，否则看不到设计布局的整体庭园效果。因此画效果图要根据具体情况选择视点的高低和宽窄，以尽可能看到设计的全景为目的。如果庭院面积很大，一张效果图不能将全景展现出，那就得分几个领域多个视点分别画效果图。比较浅的小院有时还可以用立面图的方式表现效果。总之，视点位置的高低，一点透视还是两点透视等问题均由设计人决定，以展现设计的最佳效果为准。

施工图。方案一旦确定，紧接着就是画施工图，也叫扩粗图纸，将图纸的内容全部具体化到以毫米为单位的尺寸。施工图有很多是国家、地方规定的或公司积累的规范标准图纸，如园路铺装、河床、小溪等剖面图，直接复印使用就可以。总之，按照平面图细化施工图的目的是让园林设计方案得以实现。

小花园设计注意要点：

1. 小花园一般忌讳砌高墙，高墙影响园内的通风和采光，对植物生长不利。用通透的栅栏为好。

2. 院子的入口大门不要直对住宅大门，为保护私密性，可设置一些障景遮挡视线。园内的主道可做固定铺装，支道一般用步石，这样有利于今后的庭园改造。

3. 植物布局首先要考虑花园的边界，即院墙根的部位，需要用不同的方法遮挡，如布局高低不同的灌木，或用枝叶低矮的柏树，或设置假山等遮挡。园内配置可长成高大树木的品种一定要谨慎，尽可能布局在花园的边角，否则长大后会影响花园空间及视线。

4. 花园尽可能以绿地为主，硬地减至极少，保证花园的绿地郁郁葱葱，充分发挥植物净化空气的功能。

5. 做水池需谨慎，深浅和布局需注意安全性。

6. 一般住宅门前或庭院门口都需要连接一块铺装硬地，方便进出使用。

构画草图的过程是思考创造的过程，也是将不成熟的认知和创造思维逐渐扩展深入的过程。一个项目做两个设计方案是常事，因此需要多画草图、多思考、多比较，在比较中找到最适合的设计感觉。这样做的目的不仅是对设计的精益求精，也可给客户多一个比较和选择。没有比较就没有鉴别，只有深入思考的设计才能出优秀方案。对于初学园林设计的人来说，多构草图也是锻炼设计思维的过程。初次设计总会有很多想不到的地方，容易出错，特别是对尺寸的概念几乎没有，只有打开卷尺边设计边核实尺寸的长短，多构草图、多思量、多鉴别，这样的设计才会更切实际、更合理、更美观。

第六节 风景园林的设计原则

一、自然性原则

公园设计最基本的是自然绿地占有一定面积的环境。因此实现自然环境要依靠设计的自然性原则。自然环境是以植物绿地、自然山水、自然地理位置为主要特征，但也包含人工仿自然而造的景观，如：人工湖、山坡、瀑布流水、小树林，等等。人工景色的打造尤其需要与自然贴近，与自然融合。

遵守自然性原则首先要对开发公园的现场做合理的规划，尽可能保留原有的自然地形与地貌，保护自然生态环境，减少人为的破坏行为。对自然现状加以梳理、整合，通过锦上添花的处理，让自然显现得更加美丽。

遵守自然性原则要处理好自然与人工的和谐问题。比如在一些不协调的环境进行植物遮挡处理；生硬的人工物体周围可以用栽植自然植物的方法减弱和衬托，尽可能使环境柔和，让公园体现出独特的自然性。

同时，尽可能用与自然环境相和谐的材料，如：木材、竹材、石材、砂、鹅卵石等，这样可以使公园环境更加自然化。

二、人性化原则

公园环境是公共游乐环境，是面向广大市民开放的，是提供广大市民使用的公共空间环境。公园内的便利服务设施有标志、路牌、路灯、座椅、饮水器、垃圾箱、公厕等，必须根据实地情况，遵循“以人为本”的设计原则，合理化配置。

人性化的设计可以体现在方方面面，应处处围绕不同人群的使用进行思考和设计，让使用者处处感到设计的温馨，体验到设计者对他们无微不至的关爱，使人性化设计落实到每一个细小之处。比如，露天座椅配置在落叶树下，冬天光照好，夏天可以遮阴。再如，步道两侧是否有树荫；设计中的台阶高度、坡度以及路面的平滑程度都是我们应该关注的。

三、安全性原则

公园环境的公共性意味着众多人群使用的环境，那么安全问题应是很重要的问题。公共设施的结构、制作是否科学合理，使用材料是否安全等都是设计师应该注意的，特别是大型游具、运动器材安装是否牢固，定期检查更换消耗磨损的零件严格遵守安全设计规则，避免造成事故。如车道与步道的合理布局：湖边或深水处考虑设置警告提示牌或安装护栏等；避免一切可能发生的危险。植物栽植时要避开栽有毒植物，如夹竹桃等。儿童游乐场的地面铺装是否安全，游戏器材的周边有无安全设置等都需要仔细设计和思考，把事故降低到零的设计才是落实安全性原则的根本。

第七节 风景园林的设计步骤

公园设计是一个大概念设计，不同类型的公园设计有所不同，这里对主题公园的一般性设计程序作一个简单的介绍，仅作参考。

无论设计什么类型的公园，只要做到：设计目的明确，功能要求清楚，设计科学合理，那么我们的设计就不会出现盲目，设计就会得到合理化的实现。设计前首先要有正确的设计理念，有整体的设计思考，而这个设计思考就是建立在设计前的调查基础之上。

一、任务书阶段

接纳任何项目都需要由委托方出面来提出设计要求明确其对设计的要求、目标以及造价、时间期限等。对方的要求和愿望是决定设计的依据和标准，但在委托方并不清楚一些专业知识的情况下，作为设计师可以根据对方的要求提出一些合理化的建议，一同商讨交流，统一设计思想，确定设计目标和设计理念。

二、调查收集资料

设计前的调查十分重要，它是我们设计的依据，设计中要不停地考虑到调查的一些设计因素。一般我们调查主要有以下内容：

1. 实地调查

包括地势环境、自然环境、植物环境、建筑环境、周边环境等，对现场哪是该保留的部分，哪是该遮挡的部分等进行初步认定和大致设想。同时进行测量、拍照、做现场草图的关键记录。

2. 收集资料，信息交流

了解地方特色、传统文脉、地方文化、历史资料等，对综合资料信息有个明确的认知。

3. 根据调查，分析定位

在资料收集后进行各种分析，与投资方交流磋商，求得共识之后进行设计定位，确定公园的主题内容。

三、构思构图概念性设计

设计定位后在调查的基础上开始整体规划，在公园总平面图上对公园面积空间初步进行合理的布局和划分，构画草图、设计第一稿。

1. 功能区域的规划分析图

包括公园内功能区域的合理划分和大致分布，整体规划设计草图。围绕公园内的主题，对中心活动区域、休息区域、观赏区域、花园绿地、山石水景、车道步道等进行大致规划设计。然后在大的规划图中分别作不同种类的分析图，如功能区域分析图、道路分析图、视点分析图、景观节点分析图等，同时还可调整大规划图的不足。

2. 景观建筑分布规划图

包括桥、廊、亭、架等的面积、大小、位置的平面布局。构画平面的同时，设计出大体建筑造型式样草图（效果图或立面图）。

3. 植物绿地的配置图

凡公园都少不了植物绿地，植物绿地的面积划分、布局以及关键处的植物类型的指定，在规划时都要大致有个整体配置草图，可以体现植物绿地面积在公园中所占比例，突出自然风景。

4. 设计说明

设计说明一般是在设计理念确定后在设计前调查分析的基础上撰写的设计思考，解决设计中的诸多问题及设计过程都是撰写设计说明的有利依据。设计说明不是说大话，说漂亮话，而是实实在在写解决问题的巧妙方法，写如何执行设计理念的过程，写如何体现方案的优越性，充分亮出设计中的精彩处。要写出设计的科学规划与合情合理的设计布局，总结设计构思、创意、表现过程，突出公园设计主题以及功能等要素，阐明公园设计的必要性。

四、设计制作正式图纸

总规划方案基本通过和认可后，进行方案的修改、细化、具体和深入设计。

1. 总规划图的细化设计

总规划图仅仅是大概念图，具体还需要分解成几块来细化完成。一般图纸比例尺在1 ∶ 100、1 ∶ 200以下制图为宜，比例尺太大无法细化。图纸是表达设计意图的基本方式，因此，图纸的准确性是实现设计的唯一途径，细化图纸是在严格的尺寸下进行的，否则设计方案无法得以实现。

2. 局部图的具体设计

分块的平面图中不能完全表现设计意图时，往往需要画局部详细图加以说明。局部详细图是在原图纸中再次局部放大进行制作的，目的是更加清晰明了地表现设计中的细小部分。

3. 立面图、面图、效果图的制作与设计

平面图只能表现设计的平面布局，而公园设计是在三维空间的设计，长、宽、高以及深度的尺寸必须靠正投影的方式画出不同角度的正视、左右侧视、后视的立面图。因

此，在平面图的基础上拉出高度，制作立面图。

设计中有时对一些特殊的情况要加以说明时，面图也是经常要制作的。比如：高低层面不同、阶层材质不同、上下层关系、植物高低层面的配置等都需要借助剖立面图来表达和说明。而效果图则是表现立体空间的透视效果，根据设计者的设计意图选择透视角度。如果想表现实地观看的视觉感，则以人的视角高度用一点透视来画效果图，其效果图因视角范围较小，表现的视角内的景物很有限。如果想表现较大、较完整的设计场面，一般采用鸟瞰透视的效果图画法。这要由设计者的具体设计意图来决定。

4. 材料使用一览表

设计中选用材料也是需要精心考虑的。使用不同的材料，实际效果也会完全不一样，但无论用什么材料都必须有一个统计，需要有一个明细表，也就是材料使用一览表。在有预算的情况下还必须考虑到使用材料的价格问题，合理地使用经费。

使用材料一览表一般要与平面图纸配套，平面图上的图形符号与表中图形符号相一致，这样可以清晰地看到符号代表哪些材料以及使用情况，统计使用的材料可通过一览表的内容作预算。

材料使用一览表可以分类制作，如：植物使用一览表、园林材料使用一览表、公共设施使用览表配套览表等。也可以混合制作在一起。但原则上是平面图纸上的符号与使用材料一览表配套制作，图中的符号必须一致。

五、设计制作施工图纸

设计正式方案通过，一旦确定施工，图纸一般要做放样处理，变为施工图纸。施工图纸的功能就是让设计方案得到具体实施。

1. 放样设计

图纸放样一般用 3m × 3m 或 5m × 5m 的方格进行放样。可根据实际情况来定，根据图形和实地面积的复杂与简单来定方格大小位置。有的小面积设计，参照物又很明确的则无须打格放样，有尺寸图就行。放样设计没有固定标准格式，主要以便于指导施工现场定点放样为准，方便施工就行。

2. 施工图纸的具体化设计

施工图内容包括很多，如：河床、小溪、阶梯、花坛、墙体、桥体、道路铺装等制作方法；还有公共设施的安装基础图样；植物的栽植要求等。

3. 公共设施配置图

在调查的基础上合理预测使用人数，配备合理的公共设施是人性化设计的具体体现，如垃圾箱放置在什么地方利用率高，使用方便；路灯高度与灯距设置多长才是最经济、最实用的距离。这都是围绕人使用方便的角度去考虑的，不是随意配置。胡乱地配置是一种浪费而不负责的行为，我们应该尊重客观事实合理配置，配置位置按照实际比例画在平面图上。

公共设施不一定是设计师本人设计，可以从各厂家的样本材料中进行挑选。选择样品时要注意与设计的公园环境的统一性，切忌同一种功能设施却选用了各种各样的造型设施。比如：选择垃圾箱，选了各种各样的造型，放置在一个公园内，则会感到垃圾箱造型在公园中大汇集，这样杂乱的选择会严重破坏环境的整体感，一定要注意避免。

选用的样品必须在公共设施配置图后附上，并在平面图上用统一符号表示清楚。这样公共设施配置图就一目了然了，什么样的产品设置在哪儿，施工的位置就很明确。

第八章　风景园林设计

第一节 认识风景园林设计

也许有些风景园林专业的学生认为把设计做好只要投入相当多的时间和精力即可。其实不然，对于设计而言，掌握好设计的方法是至关重要的，这样在真正面对一个设计题目时，在收集了相关信息资料后，遵循一定的设计方法才能把设计工作推向深入。当然风景园林设计本身就是一门综合性很强的学科，要想设计好园林，还必须对园林有深入透彻的了解。本节从认识风景园林设计开始进行风景园林设计方法的讨论。

一、风景园林设计的内容

风景园林设计是一个由浅入深不断完善的过程，风景园林设计者在接到任务后，应该首先充分了解设计委托方的具体要求，然后善于进行基地调查，收集相关资料，对整个基地及环境状况进行综合概括分析，提出合理的方案构思和设想，最终完成设计。

风景园林设计通常主要包括方案设计、详细设计和施工图设计三大部分。这三部分在相互联系相互制约的基础上有着明确的职责划分。

方案设计作为风景园林设计的第一阶段，它对整个风景园林设计过程起到的作用是指导性的，该阶段的工作主要包括确立设计的思想、进行功能分区，结合基地条件、空间及视觉构图，确定各种功能分区的平面位置，包括交通的布置、广场和停车场地的安排、建筑及入口的确定等内容。

详细设计阶段就是全面地对整个方案各方面进行更为详细的设计，包括确定准确的形状、尺寸、色彩和材料，完成各局部详细的平立面图、详图、园景的透视图以及表现整体设计的鸟瞰图等。

施工图阶段是将设计与施工连接起来的环节，根据所设计的方案，结合各工种的要求分别制订出能具体、准确地指导施工的各种图纸，能清楚地表示出各项设计内容的尺寸、位置、形状、材料、种类、数量、色彩以及构造和结构，完成施工平面图、地形设计图、种植平面图、园林建筑施工图等。

二、风景园林设计的实质是空间设计

创造空间是风景园林设计的根本目的之一。在用地规划、方案设计中已理清了各使用区之间的功能关系及其与环境的关系，在此基础上还需将其转化为可用的、符合各种使用目的的空间。

规划主要是平面的布置，而设计主要是立体空间的创造。每个空间都有其特定的形状、大小、构成材料、色彩、质感等构成因素，它们综合地表达了空间的质量和空间的功能作用等。设计中既要考虑空间本身的这些质量和特征，又要注意整体环境中诸空间之间的关系。

1. 风景园林空间的属性

风景园林空间中的围合性质，使人在不同围合程度的空间具有不同的心理感受。开放性和私密性体现在空间的围合质量上，而空间的围合质量与封闭性有关，主要反映在垂直要素的高度、密实度和连续性等方面。高度分为相对高度和绝对高度，相对高度是指围合墙面的实际高度和视距的比值，通常用视角或高宽比表示。绝对高度是指围合墙面的实际高度，当围合墙面低于人的视线时空间较开散，高于视线时空间较封闭。空间的封闭程度由这两种高度综合决定。影响空间封闭性的另一因素是围合墙面的连续性和密实程度。同样的高度，围合墙面越空透，围合的效果就越差，内外的渗透就越强。不同位置的围合墙面所形成的空间封闭感也不同，其中位于转角的墙的围合能力较强。空间封闭感强，则私密性强；反之，空间封闭性弱，即开放性强。

2. 空间构成要素的处理

“底界面”“顶界面”“围合墙面”是构成风景园林空间的三大要素。底界面是空间的起点、基础；围合墙面因地而立，或划分空间或围合空间；顶界面的主要功能是遮挡。底界面与顶界面是空间的上下水平界面、围合墙面是空间的垂直界面。与建筑室内空间相比，外部空间中顶界面的作用要小些，围合墙面和底界面的作用要大些，因为围合墙面是垂直的，并且常常是视线容易到达的地方。

空间的存在及其特性来自形成空间的构成形式和组成因素，空间在某种程度上会带有组成因素的某些特征。顶界面与围合墙面的空透程度、存在与否决定了风景园林空间的构成，底界面、顶界面、围合墙面诸要素各自的线、形、色彩、质感、气味和声响等特征综合地决定了空间的质量。充分利用园林要素的特性，可以营造出丰富的空间。因此，首先要撇开底界面、顶界面、围合墙面诸要素的自身特征，只从它们构成风景园林空间的方面去考虑诸要素的特征，并使之能准确地表达所希望形成的空间的特点。

（1）空间中“底界面”的处理“底界面”是园林空间的根本，不同的“地”体现了不同空间的使用特性。宽阔的草坪可供坐憩、游戏；空透的水面、成片种植的地被物可供观赏；硬质铺装、道路可疏散和引导人流。通过精心推敲的形式、图案、色彩和起伏可以获得丰富的环境，提高空间的质量。

（2）空间中“顶界面”的处理。“顶界面”是为了遮挡而设，风景园林空间中的顶界面有很多类型。景观拉膜可供遮阳避雨；廊架、花架可供休憩观赏。不同的造型、材质、色彩的顶界面，可以创造不同的空间。

（3）空间中“围合墙面”的处理。“围合墙面”因地而立，或划分空间或围合空间。植物和构筑物等都可以起到划分或围合空间的作用，高度不同的植物组合，可以营造出不同类型的景观空间，如封闭空间、半开敞空间等。

第二节 风景园林设计的空间认知

创造空间是风景园林设计的根本目的之一。在创造空间之前应该对空间的功能关系及其与环境的关系、景观效应、周边资源（风土人情、文化、野生资源）等有所了解，对风景园林空间有所认识，才能对风景园林空间作出正确的评价。每个空间都有其特定的形状大小、构成材料、色彩、质感等构成因素，它们综合地表达了空间的质量和空间的功能作用。评价时既要考虑风景园林空间本身的这些质量和特征，又要注意整体环境中诸空间之间的关系。

一、风景园林空间认知的基本方法

风景园林空间认知的基本方法有哪些？在下面的内容中我们将以某高校的校园公共空间共青团花园为例来进行详细的讲解。该校用地布局规整，教学组团和生活组团相对独立，系统性强，道路线形平直，空间结构清晰，建筑风格基本统一。共青团花园位于该大学南校区主轴线上，是校园的重要开放空间和节点，介于中观和微观空间环境之间，在整个校园的外部空间环境中具有一定的代表性。共青团花园始建于 1957 年，为对称几何式下沉花园，是一个相对独立的校园空间环境，周围有 38 教学楼、行政大楼、33 教学楼、图书馆等建筑。这里是校园最具特色的场所之一，是学生重要的休憩场所。

在对共青团花园进行空间认知之前，先要了解风景园林空间认知的活动有哪些。风景园林空间认知过程需要 3 种活动：一是记录与认知环境有关的各种因素和信息；二是分析信息，以获得对认知环境的了解；三是掌握场地测绘的相关知识。每一种活动记录、分析，对设计者都能提供很大的帮助。熟练掌握记录信息、分析信息和场地测绘的方法，也就是掌握风景园林空间认知的方法。

1. 记录

风景园林空间认知的基础就是收集和记录信息。收集与记录信息就是对具体问题、设计前例以及我们所居住的环境的信息的收集，然后去体验设计成果的质量，而我们对环境和生活的体验深度和多样性，可以指导我们分析问题和解决问题的实践。空间认知就需要对解决这些问题的实践进行记录。

在不同场合下记录信息需要一套综合的技巧：观察、感知、辨别、交流、统计。为了风景园林空间认知有个好开端，我们需要了解这些技巧。

（1）观察，在进行收集和记录信息之前，我们应该先学会观察。要合理安排时间去仔细观察对象，掌握风景园林空间的特征，然后用速写的方式记录。

在对共青团花园进行观察时，主要对空间构成要素“底界面”“顶界面”“围合墙面”进行观察，记录下一些符号化的特征和速写图，同时可借助摄影影像记录等方式。

（2）感知，当我们习惯收集和记录信息时，就会发现对所有事物的信息了解得更多。画了场地后，我们会注意到不同类型的场地，如宽阔的草坪、空透的水面、成片组织的地被物和硬质铺装，它们以不同的形式、图案、色彩和起伏构成风景园林景观。这些信息不仅可以作为真实素材来记录，而且其对场地的体验也可以作为重要信息来记录。

对共青团花园进行信息收集和记录后，就会有新的感知，“底界面”是由规则的草坪、硬质铺装和水面以不同的形式、图案、色彩组成，而“围合墙面”是由不同高度的植物划分或围合空间。

笔记的目的在于表达而不是画得漂亮，因此，记录这些新感知有很多方法：可以加文字说明，并用箭头指出信息，特殊物体速写则可用大比例，以获取更细致、更准确的记录。最初的速写图也可用平面图、剖面图或图表等形式来补充表现更多的观察结果。

（3）辨别，辨别是对加强感知力的补充。尽管我们期待提高做视觉笔记的速度与精确度，但时间仍是限制因素，即使对最有成就的画家来讲也是如此。信息有多个层次，我们希望把精力集中在对我们的工作有重要意义的特殊信息上，在这样做时，我们练习辨别我们笔记的主题，也可辨别符号的种类。

有些设计师收集和记录信息取得很好的效果，他们运用概括的方法，尽管别人不易看懂，但是他们的绘画有用。这方面特别好的例子是卡通画画家的作品，他们表达方式的特点，是力求用最节省的手段；他们的画简洁、清晰，值得人们学习。

在对共青团花园进行记录时，总的关注点涉及共青团花园的利用方式、利用率、环境氛围、设计风格、设施元素、周围交通建筑、绿化景观、空间效果、使用人群等各方面的问题。我们主要是对景观效果和空间功能情况进行调查，要记录的是景点的布局情况、景观效果和空间使用情况。

（4）交流最后这一种技巧是收集信息的最终目的，即和人们进行交流。人与人之间有效的交流必须考虑预期的接受者或听众、交流媒体、交流的内容等。尽管这些因素因人而异，但有一些普遍性看法还是有帮助的。

对共青团花园空间使用情况调查时，学生为共青团花园的使用主体，教师偶尔使用，主要为穿过通行和现场教学。另外还有部分游人和校内工作人员在此游憩、维护等。利用方式上，主要有晨读、穿行、驻足、谈话、休憩、小型聚会等。上述活动基本上都是属于自发性活动，自发性活动发生的频率越高，持续时间越长，表明环境条件越好。而对整个环境景观的评价，多数学生感觉景观效果良好，很多值得在以后的设计中借鉴。

而在规划室内交流活动时，我们的一个有利条件就是对接受者很了解。让我们考虑他们的思维方式和他们对视觉刺激的反应方式。有的人能有效地运用思维，这是因为他能把一大堆信息移开，一次只专注于一件事；而有的人则喜欢多样性与合理性，乐于在一大堆信息中寻找思想。使这两种人产生最佳反应的信息的形式是不同的。

另外，在利用信息记录的方式上也有不同的表现。信息可以用来建立一个精确的模型或一张三维空间透视图，并作为风景园林空间认知的基础，或用来激发对特殊主题的进一步思考，这些在使用上都能得到特殊形式的记录信息的帮助。最后，交流内容因人而有很大的不同，这取决于时间、场所、条件、环境、序列、偏爱等。

2. 分析

风园林空间认知的第二步就是研究所收集的信息。正如我们所看到的，记录信息本身对设计师就有相当大的帮助，但记笔记的潜在作用超过了记录本身。一个人的洞察力可以通过思考和观察而获得加强。通常第二次观察一个物体，会产生新的思想或反馈出新的意义。为了了解收集到的信息的用处，我们将探讨对分析有用的技巧，即审查、概括和重构。

（1）审查，对记录信息的过程进行分析，如同直接观察一样，可能是一个发现的过程，大部分对于观察的建议也可以用来分析信息。我们绝不能认为因为我们做了记录，所以，我们就会知道其中包含的全部信息。要对记录的信息进行重新审查，以从中发现一些有用的信息，对风景园林空间有更进一步的认识。

在对共青团花园的记录信息进行审查时发现，共青团花园所处的位置，决定了它的使用者主要是在校学生和教职工，同时也对它的功能提出了要求。共青团花园是学生上课的必经之地，所以强制性穿越的人很多；环境清幽，适合学习，很多人在此晨读，就对坐凳有要求；已经设置的坐凳，吸引学生在此聚会搞活动，同时也对坐凳周围的景观提出更高的要求，在要求改善局部景观的同时要求增加一些私密性空间。

好的记录信息的价值在于它对物体有下意识的反应，例如绘画中最初画的阴影图案，是视觉受到刺激的结果，经过重新审查，设计师就能发现产生阴影的原因。另外一个例子，是原画中包括多根探索某种形式的流动线条，经研究发现这些线条可能暗示着在建筑物中包括自然植被或曲线形状。这种审查可用新草图记录下来，也可直接修改或补充原作。

（2）概括，通常仔细修改记录信息有利于分析。一种概括方法是只选择一个或几个特征来表现。另一种概括的方式，是把记录的信息变成较不特殊的形式，变成视觉代号或语言符号这种过程可揭示普遍性与结构性的东西，从而能够被传递到其他相关事物或设计问题上。符号化的图像有助于我们忽略设计的特殊风格，而关注到形体的构图，它也能暗示设计的更多意义或功能。风景园林空间认知就是对风景园林景观进行分析，概括出一些便于应用到设计中的共性的东西。

共青团花园中的视觉代号有雕塑、水池、草坪和铺装，而它们组合的方式不同，就会形成不同的效果。共青团花园为对称几何式下沉花园，而这个风格的形成是由于它位于校园南区中心轴线上，要和整体的建筑风格相统一。

概括在绘图中的作用，通过画一幢简单的建筑和其窗户的轮廓线，就可以更清楚地发现建筑式样与窗户之间的关系，以及窗户对主要建筑物形体构图的影响。画出一座城市中的综合大楼平面视图的反图像，就可以分清公共空间和私密空间的关系。这就是概括的作用，通过对视觉笔记的分析，可以发现事物的特征。

（3）重构，通常，分析记录的信息会促使人们对所发现的图形进行取舍的思索。如果栏杆的护板被雕成有趣的装饰纹样的话，那么，在护板上研究不同的雕刻所产生的效果将是很有益处的。同样，很多视觉形象可以从概括的图形中重构而成。这些操作激发了人们的思想，使设计师把记录的信息移到了其他主要领域，即设计研究上。

对一些市政广场的雕塑景观进行分析，就可以发现，由于周围植物的生长，中心的雕塑显得体量过小，与周围环境不协调。这说明在以后的设计中，标志性物体的设置，体量和尺寸应该是最为关注的因素。

3. 场地测绘图

（1）测绘内容场地测绘图通常也被称为场地地图、资产平面图或竣工测绘图，本书将之称为场地测绘图。测绘图中给出的信息如下：场地所在地、场地边界线长度、场地布局、公共道路用地、功能分析和景观视线分析、交通分析和竖向空间分析。

校对场地测绘图，就是为了确保场地测绘图的正确性和时效性，在某些必要的地方进行测量，这样可以避免无谓的尴尬和浪费时间。上次测量后的某些改动或更新有可能会影响场地测绘图的准确性。

在向场地上添加物体和进行平面布局时都需要对场地进行测量。由于场地测绘图有时并不包括场地上的所有物体或区域，因此对场地进行准确测量就尤为重要。测量方法有如下几种：

①步测法。如果手边没有卷尺或测距仪，也可以使用步测的方法进行测量，保持步幅等于 1m 即可。对大多数人来说，这一大步的步幅要比平时的步幅稍长。花点时间练习步测就可以准确掌握 1m 的步幅。标出 10m 的路程来练习步幅，以 1m 一步恰好 10 步走完。

②直接测量法。它是测量两点间距离的简便方法。使用卷尺进行测量时要把尺子拉紧，卷尺上的任何部分稍有松弛就会导致测量数据失真。

③基线测量法。它是沿一条线测量可以同时获得多个测量数据的最快方法。它避免了时时移动卷尺，从而减少了误差的累积。利用基线测量获得测量数据的方法是，以线的一端为起点，将卷尺拉紧至线的另一端。找出沿线每一点在尺子上的位置并记录测量数据。只放尺一次，可以避免反复固定卷尺的麻烦及两次测量间的错误累积。

④方格网法。它可用来确定物体的位置或准确绘制场地平面上的某个区域。在已测的网格中可利用现有模型来定点以测量平行线。现有模型可以是房屋、建筑物或路缘等。可以利用平行线的长度来沿曲线定点，然后进行连接。

（2）场地定位，需要在场地中进行定位的物体有乔木、灌木及其他物体，定位方法可用方格网法。附属建筑的面积，定位方法可用直接测量法测面积。人行道、车行道、种植床或其他永久性设备，定位方法可用方格网法、直接测量法。

（3）绘制底图根据场地测绘图和所得的全部测量数据，就可以按照适合平面图的比例来绘制草图了。草图也是一种平面图，它包括场地上所有的永久性物体及区域，它们都会影响到场地测绘图中所没有的设计方案。有些人也将这种平面图称为场地平面图。

绘制底图的步骤如下：

①绘制场地的边界线。注意比例问题，绘图时应使用描图纸，以便进行注释和更改错误，稍后再将图誊在绘图纸上。

②通过定点来确定布局图，如果无法确定场地标桩的所在位置，也可以通过测量其他的固定点来确定布局图。例如，可以确定车行道与路缘或栅栏（一般距场地边界线较近）的交汇处位置。

③添加其他物体和区域。现在可以向底图中添加场地上原有的其他物体或区域了。这一工作包括：用方格网测量法确定现有种植床和车行道的位置，用方格网画法绘制植物配置图。

此时，绘有场地边界线和布局图的底图即将宣告完成。接下来就可以将其置于绘图纸上进行描图、分析和评价。

二、风景园林空间认知的内容

在掌握了风景园林空间认知的方法后，我们要对风景园林空间认知内容进行了解。风景园林空间认知的内容可以概括为以下几个方面：

①风景园林空间基地情况及周边环境。

②风景园林空间的使用情况。

③风景园林空间的景观效果。

④风景园林空间中的植物景观。

1. 风景园林空间环境调查内容

针对风景园林空间认知的内容，要进行环境调查。环境调查的过程可以分为 3 个阶段，即测绘风景园林空间、进行基地情况及周边环境评价、景观效应的评价。调查风景园林空间中植物的种类和植物景观的效果，通过问卷调查或者口头调查的形式了解风景园林空间的使用功能。

下面以共青团花园为例，按照这 3 个阶段展开环境调查。

（1）风景园林空间的基地情况及周边情况调查

①从交通关系入手调查。把场地周围的交通、人流关系调查清楚。交通关系的状况，可以影响人使用风景园林空间的情况。一般人的行为分为有目的、无意识和强制性行为，而风景园林空间的作用，就是尽量把无意识的人流吸引进入景观中，使他们的行为变成有目的的行为。

②周边环境调查。包括场地的区位分析、与周围环境的布局图以及功能分析。场地都是处于一定的环境中，功能由场地所处的环境决定。校园公共空间的功能，就是为在校的学生提供休憩、学习和聚会的地方。

③场地情况调查。具体到场地内部的情况调查就要细化，包括景观视线分析、景观节点分析和场地内部功能分区调查。景观视线分析是在整体把握景观效果的基础上作出的分析，是对景观的宏观感受。景观节点分析是对局部景观的效果进行评价，可以从中吸取一些设计的理念。场地内部功能分区，是分析场地布局合理与否的重要标准。

（2）风景园林空间中植物景观调查。内容包括风景园林空间中植物种类调查，以及植物配置模式调查。针对植物景观的分析，可以从植物的配置模式和色彩两个方面分析。植物的配置模式是指植物是自然式配置模式还是几何整形式配置模式，提出适合风景园林空间的配置模式；植物色彩是指植物的季相变化是否丰富，在景观认知中如何，提出修改意见。

（3）风景园林空间使用功能的调查。利用问卷法对共青团花园进行定量研究，以检验学生对共青团花园评价的内在心理标准，并探讨评价指标相互间的重要性，找到对花园不佳评价的主要原因。

调查问卷的评价因子由 5 个大的方面构成：

①可视因子。包括设计风格和对花园景观感受的影响。

②文化气氛因子。包括共青团花园在学校环境中的地位和对环境气氛的感受。

③影响使用的因子。包括利用率、人行通道的使用便利性、休息设施、铺地材料及空间划分和使用。

④空间环境因子。即使用者对围合的空间感受。

⑤景观环境因子。包括绿化和景观。

2. 风景园林空间分析图纸

针对风景园林空间调查的内容，需要绘制出相应的分析图纸。简短的文字说明和绘图技法能够有效地表现分析图，在草图上绘出分析图之后，就可以进行下一阶段的风景园林空间评价工作。分析图主要包括以下一些图纸：

（1）校园总图及区位分析图，表示该景观空间在校园中的区域位置及与校园其他绿地和景点等的相互关系的图纸。

（2）校园交通图，表示校园主要道路走向、交通量及与该景观空间的交通联系的图纸。在图上要确定出主要出入口、主要广场的位置及主要环路和消防通道的位置。同时确定主干道、次干道的位置。

（3）场地布局草图，将调查的景观空间中各类设计要素（建筑物、构筑物、山石、水体、植物、道路、广场铺装、景墙、花池……）轮廓性地表示在图纸上。这张图纸除平面图外，各主要景点应附有彩色效果图，并可拍成彩色照片。

（4）功能分析图（泡泡图）将景观空间分为几个空间，确定每个空间的位置与功能，应该使不同的空间不仅能反映不同的功能，又能反映各区内部设计因素间的关系，并运用功能与形式统一的原则进行分析。

（5）景观视线分析图，在功能分析图的基础上，分析景观空间内的视线关系，标明各景观节点的位置，标明景观视线的优劣关系。

（6）植物景观分析图，主要表现树木花草的种植位置、品种、种植方式、种植距离等。在图样上，表示出树冠的大小、树干的位置以及植物之间的位置关系。用图形、符号和文字表示设计种植植物的种类、种植方式、数量。

第三节 风景园林方案设计方法

功能和形式对于设计者来说，是始终要关注的两个方面。方案设计的方法大致可分为从逻辑思维入手和从形象思维入手。它们最大的差别主要体现为方案构思的切入点与侧重点的不同。

“逻辑思维”对于风景园林设计来说是有重要意义的，逻辑思维的进行是通过一系列的推理而寻求“必然地得出”。设计具有强烈的目的性，它的最终结果就是要获得“必然地得出”——在社会生产、分配、交换、消费各领域中满足目标市场，体现多种功能，实现复合价值。因此，当逻辑思维被引入设计领域时，它便可以成为一种行之有效的理性方法或工具，从而指导设计的思考及实践过程。

“形象思维”是一种较感性的思维活动，是一种不受时间、空间限制，可以发挥很大的主观能动性，借助想象、联想甚至幻想、虚构来达到创造新形象的思维过程；它具有浪漫色彩，并也因此极不同于以理性判断、推理为基础的逻辑思维。形象思维在设计过程中体现了非常重要的指导意义，它作为设计思维的重要组成部分，给设计者提供三种具体表现形式：首先是原形模仿表现形式，其次是象征表现形式，最后一种是规定性表现方式。总之，无论哪一种表现方法都是形象思维在设计活动中的具体应用，它是一种实用的方法，在实践中具有很大的灵活性。

在掌握了多种表现技能与形象思维的能力后，便进入了方案设计的阶段。方案设计的阶段由以下几个方面组成。

一、方案任务分析

1. 风景园林设计程序的特点和作用

设计程序有时也称为“课题解决的过程”，它通常指遵循一定程序的不同设计步骤的组合，这些设计步骤是经过设计工作者长期实践总结，被建筑师、规划师、风景园林师广泛接受并用来解决实际设计问题。

（1）风景园林设计程序的特点

①为创作设计方案，提供一个合乎逻辑的、条理井然的设计程序。

②提供一个具有分析性和创造性的思考方式和顺序。

③有助于保证方案的形成与所在地点的情况和条件（如基地条件、各种需求和要求、预算等）相适应。

④便于评价和比较方案，使基地得到最有效的利用。

⑤便于听取使用单位和使用者的意见，为群众参加讨论方案创造条件。

（2）风景园林设计程序的作用

在风景园林空间设计中，典型的设计程序包括下列步骤：

①设计任务书的熟悉和消化。

②基地调查和分析阶段。a. 基地现状调查内容；b. 基地分析；c. 资料表达。

③方案设计。a. 理想功能图析；b. 基地分析功能图析；c. 方案构思；d. 形式构图研究；e. 初步总平面布置；f. 总平面图；g. 施工图。

④回访总结。上述设计步骤表示了理想设计过程中的顺序，实际上有些步骤可以相互重叠，有些步骤可能同时发生，甚至有时认为有必要改变原来的步骤，这要视具体情况而定。

初学者应理解，优秀设计的产生不是一蹴而就的，也没有不费力气就能解决实际设计问题的方程式和智力。设计也不仅仅是在纸上绘图，构思上有特点的设计要求有敏锐的观察力、大量的分析研究、思考和反复推敲以及创造的能力。应注意的是，设计包含两个方面：一是偏理性方面，如编制大纲、收集信息，分析研究等；二是偏直觉方面，如空间感受、审美、观赏等。而设计程序是达到目标所采取的方法、手段，包括理性和直觉两个方面，这对设计者在组织工作、思考问题和对可能产生的最好的设计有很大帮助。

2. 设计前的准备和调研

设计前的准备和调研，是一项相当重要的工作。采用科学的调研方法取得原始资料，作为设计的客观依据，是设计前必须做好的一项工作。它包括熟悉设计任务书；调研、分析和评价；走访使用单位和使用者；拟订设计纲要等。

（1）设计任务书的熟悉和消化设计程序的第一步是熟悉设计任务书。设计任务书是设计的主要依据，一般包括设计规模、项目和要求，建设条件，基地面积（通常有由城建部门所划定的地界红线），建设投资，设计与建设进度，以及必要的设计基础资料（如区域位置，基地地形、地质，风玫瑰图，水源、植被和气象资料等）和风景名胜资源等。在设计前必须充分掌握设计的目标、内容和要求（功能的和精神的），熟悉地方民族及社会习俗风尚、历史文脉、地理及环境特点、技术条件和经济水平，以便正确地开展设计工作。

（2）调研和分析熟悉设计任务书后，设计者要取得现状资料及其分析的各项资料，在通常的情况下，还要进行现场踏勘。

园林拟建地又称为基地，是由自然力和人类活动共同作用所形成的复杂空间实体，它与外部环境有着密切的联系。在进行园林设计之前应对基地进行全面、系统的调查和分析，为设计提供详细、可靠的资料与依据。基地的现场调查是获得基地环境认知和空间感受不可或缺的途径。

①基地现状调查内容。基地现状调查包括收集与基地有关的技术资料和进行实地勘察、测量两部分工作。有些技术资料可从有关部门查询得到，如基地所在地区的气象资料、基地地形及现状图、各种相关管线资料、相关的城市规划资料等。对查询不到的但又是设计所必需的资料，可以通过实地调查、勘测得到，如基地及其周边环境的视觉质量、基地小气候条件、详细的现状植被状况等。如果现有资料精度不够、不完整或与现状有差异，则应重新勘测或补测。基地现状调查的内容涉及以下几方面：

a. 自然条件：地形、水体、土壤与地质、植被。

b. 气象资料：日照条件、温度、风、降雨。

c. 人工设施：建筑及构筑物、道路和广场、各种管线设施。

d. 人文及视觉环境：基地现状自然与人文景观、视域条件、与场地相关的历史人文资源。

e. 基地范围及其周边环境：基地范围、基地周边知觉环境、基地周边地段相关的城市规划与建设条件。

现状调查并不需要将以上所列的内容全部调查清楚，应根据基地的规模与性质、内外环境的复杂程度，分清主次目标。相关的主要内容应深入详尽地调查，次要的仅需作一般了解。

②基地分析。调查是手段，分析才是目的。基地分析是在客观调查和基于专业知识与经验的主观评价的基础上，对基地及其环境的各种因素作出综合性的分析与评价，趋利避害，使基地的潜力得到充分发挥。基地分析在整个设计过程中占有很重要的地位，深入细致的基地分析有助于园林用地规划和各项内容的详细设计，并且在分析过程中产生的一些设想，通常对设计构思也会有启发作用。基地分析包括在地形资料的基础上进行坡级分析、排水类型分析，在地质资料的基础上进行地面承载分析，在气象资料的基础上进行日照条件分析、小气候条件分析等。

较大规模的基地需要分项调查，因此基地分析也应按不同性质的分项内容进行，最后再综合。首先，将调查结果分别绘制在基地底图上，一张底图上通常只作一个单项调查内容，然后将诸项内容叠加到一张基地综合分析图上。由于各分项的调查或分析是分别进行的，因此能够做得较细致与深入，但在综合分析图上应该着重表示各项的主要和关键内容。基地综合分析图的图纸宜用描图纸，各分项内容可用不同的颜色加以区别。基地规模较大、条件相对复杂时可以借助计算机进行分析，例如很多地理信息系统（GIS）都具有很强的分析功能。

③资料表达。在基地调查和分析时，所有资料应尽量用图面或图解并配以适当的文字说明，做到简明扼要。这样资料才直观、具体、醒目，给设计带来方便。

带有地形的现状图是基地调查、分析不可缺少的基本资料，通常称为基地底图。基地底图应依据园林用地规模和建设内容选用适宜的比例。在基地底图上需表示出比例和朝向、各级道路网、现有主要建筑物，以及人工设施、等高线、大面积的林地和水域、基地用地范围等。另外，在需要缩放的图纸中应标出缩放比例尺图，用地范围采用双点画线表示。基地底图不要只限于表示基地范围之内的内容，也应给出一定范围的周边环境。为了准确地分析现状地形及高程关系，也可作一些典型的场地剖面。

二、方案的构思推演

风景园林设计必须“以人为本”，从人的实际需求出发，这是不变的大前提。但同时我们必须清楚地看到，园林景观是主客观因素综合作用的结果，因此对于设计，我们不能不考虑城市环境的制约作用，考虑园林景观在城市整体环境中的地位和作用；不能不认真对待自然环境要素的影响，使风景园林设计的深层文化内涵符合时代与社会的要求。因此，风景园林的构思与选择的过程中必然要综合主客观多方面的因素。

1. 构思立意——功能推演

（1）功能空间的确定，涉及具体的功能设置，首先要确定风景园林空间具体的功能组成。在风景园林空间的设计之初，由于许多时候设计者不会收到特别详尽的任务书，因此许多具体功能只能自行确定。这就需要设计者对功能的设置控制得当，过多不切合实际的功能设置，往往会使环境质量无法得到保证，空间也会变得凌乱不堪。

在明确了风景园林空间具体的功能组成以后，就需要为所设定的功能寻求相对应的室外空间。这主要包括：确定不同的功能区所需要的空间的大小、形态、位置以及它们之间的组合关系等。

根据功能的要求在确定空间的大小时，有些情况下是比较明确的，如体育活动场地的尺寸几乎是定值，道路的尺寸可以根据车流或人流的情况加以推算；有些时候可以用最小值来控制；但更多的时候是“模糊的”。这主要是因为，很多情况下在功能的量化过程中，不仅要满足使用功能的要求，还需考虑其精神、文化功能以及与周围环境尺度上的和谐等。这时，设计人员没有确切的数值可供参考，但可以通过对同类环境的研究，凭借自己的经验和对场所功能的理解来进行推断。

根据风景园林空间的功能组成明确了相应的空间大小和形态特点以后，接下来就需要具体的功能组织。这些大小不等、形态各异的空间必须经过一定脉络的串联才能成为一个有机的整体，从而形成风景园林平面的基本格局。由于不同使用性质的园林景观其功能组成有很大差别，所以在进行功能组织时，必须根据具体的情况具体解决。但从设计过程来看，我们都是先对这些功能进行分类，明确功能之间的相互关系，再根据功能之间的远近亲疏进行功能安排。需要注意的是：在进行功能组织时，虽然应以满足使用的合理性为前提，但也要考虑与功能相对应的空间形态的组合效果。同一个园林景观对应的功能组织方式并不是唯一的，所以也没带来各种空间组合变化的可能，从而创造出不同的环境氛围，对于这些在设计中要有统一的考虑。这也是一个园林景观功能组织是否成功的重要依据。

（2）理想功能图析，功能空间的组织可以通过理想功能图来分析。理想功能图析是设计阶段的第一步，也就是说，在此设计阶段将要采用图析的方式，着手研究设计的各种可能性。它要把研究和分析阶段所形成的结论和建议付诸实现。在整个设计阶段中，先从一般的和初步的布置方案进行研究（如后述的基地分析功能图析和方案构思图析），继而转入更为具体和深入的考虑。

许多功能性概念易于用示意图表示，比如用不规则的斑块或圆圈表示使用面积和活动区域。在绘出它们之前，必须先估算出它们的尺寸，这一步很重要，因为在一定比例的方案图中，数量性状要通过相应的比例去体现。比如要设计一个能容纳 50 辆车的停车场，就需要迅速估算出它所占的面积。

然后可用易于识别的一个或两个圆圈来表示不同的空间。

简单的箭头可表示走廊和其他运动的轨迹，不同形状和大小的箭头能清楚地区分出主要和次要走廊以及不同的道路模式，如人行道和机动车道。

星形或交叉的形状能代表重要的活动中心、人流的集结点、潜在的冲突点以及其他具有较重要意义的紧凑之地。

“之”字形线或关节形状的线能表示线性垂直元素如墙、屏、栅栏、防护堤等。

在这一设计阶段，使用抽象而又易画的符号是很重要的。它们能很快地被重新配置和组织，这能帮助你集中精力做这一阶段的主要工作，即优化不同使用面积之间的功能关系，解决选址定位问题，发展有效的环路系统，推敲一些设计元素为什么要放在那里并且如何使它们之间更好地联系在一起。普遍性的空间特性，不管是下陷还是抬升，是墙还是顶棚，是斜坡还是崖径，都能在这一功能概念性阶段得到进一步发展。

概念性的表示符号能应用于任何比例的图中。

另一个概念性方案的例子是一个社区的中心，它下一步的设计思路可以用以下简单的文字来表示：为了尽可能地减少现有小溪和植被的干扰，先把 3 个主要建筑物定位。设计能停放 100 辆小车的停车场，使汽车停车场出入口尽可能不相互影响，人行道便于通向邻近的街区。设计多用途的广场或古罗马式圆形竞技场，以满足临时表演、户外课堂、娱乐、艺术展、雕塑展等之需。标出放置某些设施的位置。设计一些分散的草坪空间以供休闲。

这些思想能很容易且很快地按一定比例在方案图上表现出来。在这一设计过程中，有两个重要的步骤尽管没有写出来，但却应该先于概念性方案而做：一个是场地清单，它记录着场地的现状：另一个是对场地的分析，它记录着设计者的观点和对这些场地现状的评估。事先完成一张根据比例记录场地现状的草图和场地分析计划是绘制概念性方案的有效途径，这一过程可以把场地的相关信息和设计者的思想融合在一起。

在这一阶段圆圈的界线仅表示使用面积的大致界线（如多用途的广场），并不表示特定物质或物体的准确边界。定向的箭头代表走廊的走向，也不表示它们的边界。

可以指出一些表面物质如硬质景观、水、草坪、林地的类型，但没必要喧宾夺主地去表示一些细节，如颜色、质地、图案、样式等。如果某一部分场地需要详细地表示，仅需要把这一部分的概念性方案细化就可以了。

此外，理想功能图析是采用图解的方式进行设计的起始点。做理想功能图析的目的是，在设计所要求的主要功能和空间（即前述设计组成中的空间或项目）之间求得最合理、最理想的关系。进一步的意义是，它有效地帮助设计创作工作，保证使用上的合理性，消除各种功能和空间之间可能存在的矛盾。

理想功能图析是没有基地关系的，它像通常所说的“泡泡图”或“略图”那样，以抽象的图解方式安排设计的功能和空间。

（3）基地分析功能图析，基地分析功能图析是设计阶段的第二步，它使理想功能图析所确定的理想关系适应既定的基地条件。基地分析功能图析除要表示上述理想功能图析所表示的资料外，还应考虑两个问题：一是功能 / 空间的布置应与基地的实际情况相结合，住宅内部房间的安排也要与基地实际条件相适应；二是功能 / 空间的范围可用轮廓图并按一定比例绘出其布置情况。在这一步骤中，设计者最关注的事情，一是主要功能 / 空间相对于基地的配置；二是功能 / 空间彼此之间的相互关系。所有功能 / 空间都应在基地范围内得到恰当的安排。

现在，设计者已着手考虑基地本身条件了。为了正确地适应于基地的实际情况，由理想功能图析所确定的基本关系往往会有些改变，这样的变化，如果与基地条件相适应的话，那就不必担忧或防止。基地分析功能图析是在对基地的调查和分析的基础上，研究基地的合理功能关系，这是促使设计者根据基地的可能和限制条件，来考虑设计的适应性和合理性的最好方法。因为现在基地分析功能图析中的不同使用区域，已与功能 / 空间取得联系和协调，这有助于设计者考虑基地的现状。

在这一设计方案的过程中，第一步概念层次的组织形式已被应用于场地上了。随着从概念到形式的进程，我们将应用另一层次的组织形式对该场地进行进一步设计。

2. 方案构思——空间形态的推演

从概念到形式的跳跃被看成是一个再修改的组织过程。在这一过程中，那些代表概念的松散的圆圈和箭头将变成具体的形状，可辨认的物体将会出现，实际的空间将会形成，精确的边界将会被绘出，实际物质的类型、颜色和质地也将会被选定。在后面的部分将详细介绍如何创造性地选择这些元素，但在此之前了解它们的基本特征还是很重要的。

（1）构图要素，我们把设计的基本元素归纳为 10 项，其中前 7 项，即点、线、面、形体、运动、颜色和质地是可见的且常见形式。而后 3 项，声音、气味、触觉则是非视觉形式。

①点。一个简单的圆点代表空间中没有量度的一处位置。

②线。当点被移位或运动时，就形成了一维的线。

③面。当线被移位时，就会形成二维的平面或表面，但仍没有厚度。这个表面的外形就是它的形状。

④形体。当面被移位时，就形成三维的形体。形体被看成实心的物体或由面围成的空心物体。就像一座房子由墙、地板和顶棚组成一样，户外空间中形体是由垂直面、水平面或包裹的面组成。把户外空间的形体设计成完全或部分开尚的形式，就能使光、气流、雨和其他自然界的物质穿入其中。

⑤运动。当一个三维形体被移动时，就会感觉到运动，同时也把第四维空间——时间当作了设计元素。然而，这里所指的运动，应该理解为与观察者密切相关。当我们在空间中移动时，我们观察的物体似乎在运动，它们时而变小时而变大，时而进入视野时而又远离视线，物体的细节也在不断变化。因此在户外设计中，正是这种运动的观察者的感官效果比静止的观察者对运动物体的感觉更有意义。

⑥颜色。所有物体的表面部分都有特定的颜色，它们能反射不同的光波。

⑦质地。在物体表面反复出现的点或线的排列方式使物体看起来粗糙或光滑，或者产生某种触摸到的感觉。质地也产生于许多反复出现的形体的边缘，或产生于颜色和映像之间的突然转换。

剩余的三种元素是不可见的元素。

⑧声音。听觉感受。对我们感受外界空间有极大的影响。声音可大可小，可以来自自然界也可以人造，可以是乐音也可是噪声等。

⑨气味。嗅觉感受。在园林中花、阔叶或针叶的气味往往能刺激嗅觉器官，它们有的带来愉悦的感受，有的却引起不快的感觉。

⑩触觉。触摸的感受。通过皮肤直接接触，我们可以得到很多感受：冷和热、平滑和粗糙、尖和钝、软和硬、干和湿、有无黏性、有无弹性，等等。

把握住这些设计元素能给设计者带来很多机会，设计者能有选择地或创造性地利用它们满足特定的场地和使用者的要求。

伴随着概念性草图的进展，探讨了许多设计形式，这些形式仅仅是设计中最普遍和有用的形式，绝非唯一的形式。它们仅仅是经过设计者描绘过的一幅调色板。

设计形式进一步的发展过程取决于两种不同的思维模式。一种是以逻辑为基础并以几何图形为模板，所得到的图形遵循各种几何形体内在的数学规律。运用这种方法可以设计出高度统一的空间。

但对于纯粹的浪漫主义者来说，几何图形可能是比较乏味的、丑陋的、令人厌倦的和郁闷的。他们的思维更偏向以自然为模板，通过更加直觉的、感性的方法把某种意境融入设计中。他们设计的图形似乎无规律、琐碎、离奇、随机，但却迎合了使用者喜欢消遣和冒险的一面。

两种模式都有内在的结构，但没必要把它们绝对地区分开来。如看到一系列规则的圆随机排列在一起能产生愉悦感，但看到一些不规则的一串串泡泡也会产生类似的感觉。

（2）构图方式，在了解构图要素之后，可以应用不同的思维模式，对构图要素进行组合，形成不同的构图方式。

重复是组织中一条有用的原则，如果我们把一些简单的几何图形或由几何图形换算出的图形有规律地重复排列，就会得到整体上高度统一的形式。通过调整大小和位置，就能从最基本的图形演变成有趣的设计形式。

几何形体开始于 3 个基本的图形：正方形、三角形和圆形。

从每一个基本图形又可以衍生出次级基本类型：从正方形中可衍生出矩形；从三角形中可衍生出 45° /90° 和 30° /60° 的三角形；从圆形中可衍生出各种图形，最常见的包括两圆相接、圆和半圆、圆和切线、圆的分割、椭圆、螺线等。

归纳几何形体在设计中的应用，把一个社区广场的概念性规划图用不同图形的模式进行设计。每一方案中都有相同的元素：临水的平台、设座位的主广场、小桥和必要的出入口。例中显示了用这些相当规则的几何形体为模式所产生的不同空间效果。

（3）案例方案构思介绍

①构思。方案构思是基地分析功能图析的直接结果和进一步的推敲和精炼，两者之间的主要区别是，方案构思图在设计内容和图像的想象上更为深化、具体。它把基地分析功能图析中所划分的区域，再分成若干较小的特定用途和区域。另外，用徒手画的外形轮廓和抽象符号虽可用来作为方案构思图像的表现，但它还未涉及区域的具体形状和形式。

②图式研究。以方案构思来说，设计者可以把相同的基本功能区域作出一系列的不同配置方案，每个方案又有不同的主题、特征和布置形式。而这些设计方案还可用直线、曲线、圆形、多角形、弧形以及它们的变体或复合体组合而成。设计所要求的形状或形式可直接从已定的方案构思图中求得。因此，在形式构图研究这一设计步骤中，设计者应该选定设计主题（即什么样的造型风格），使设计主题最能适应和表现所处的环境。设计主题的选择可根据建筑特征、基地场所、设计者或使用者的喜爱而定。

由于设计者考虑了形式构图的基本主题，接着就要把方案构思图中的区域轮廓和抽象符号转变成特定的、确切的形式。形式构图研究是重叠在初定的方案构思图上进行的，所以方案构思图上的基本配置是保留的。设计者在遵守方案构思图中的功能和空间配置的同时，还要努力创造富有视觉吸引力的形式构图。形式构图的组织结构应以“形式构成基本原理”为基准。

第九章　城市更新背景下的风景园林

第一节 城市更新与风景园林的关系

一、现代生活与风景园林

一般来说，城市自然生态系统分3个基本的层面。其一，区域层面，包括国家公园、海岸线、主要河流廊道等，要求区域层面整体生态系统功能得到提升；其二，城区层面，包括城市绿地、郊野公园、森林公园、湿地、林地等，要求城区层面在质量上提高所在地区的环境整体性和提供足够的绿色空间；其三，邻里层面，包括社区公园、街道景观、水景花园、屋顶花园等，要求邻里层面生活品质、场所品质、环境品质得到提升。以上三个层面均包含了风景园林的内涵。

现代生活由生活品质（教育、休闲、娱乐、健康等设施被广泛使用的几回合频率）、环境品质（空气、水、生物多样性、噪声指标等多个环境要素）、场所品质（一个地区的外在形象、城市开放空间的尺度、城市建筑的形态和色彩等）所构成。

人类在追求现代高品质生活的同时，也必然呼唤风景园林行业整体水平的提升。

由此，一个合格的风景园林设计师应该具有人文、社会关怀的专业价值观。当然设计师首先应该是一个充满生活激情、具备相当深厚的文化情怀并能通过设计的作品起到一定引领作用的实践者。

风景园林专业应该着重思考如何协调城市规划专业，调整好城市的内外空间结构，营造舒适人居环境，实现城市区域的结构和功能的良性发展

二、风景园林专业在“城市更新”中承担的角色

现代城市空间与城市景观空间的互动越来越密切：现代城市生活的便捷性，需要越来越多的人性化的城市空间，也需要更多的供放松、散步、聚会、购物的场所；现代城市生活的生态性，需要越来越多与环境有机融合的城市空间，也需要更多的供建筑、水

体、绿化等相互交映的场所。

这些“城市空间”“场所”的创造过程就是风景园林专业在“城市更新”中承担角色的过程。在城市“增量”发展阶段，风景园林专业相对独立，在参与实施的时序上与城市规划、建筑学等相关专业有一定差异，又是仅仅是配套的角色而已。但是，在城市“存量”发展阶段，风景园林专业必须与城乡规划、建筑学等相关专业协同并进，有时必须承担牵头协调各个相关专业的角色。

三、城市更新与风景园林的学科契合

回顾过去若干年风景园林学科在城市更新领域的实践，作为人居环境学科群3个主导学科之一，风景园林在面对更新问题的时候，体现了独特的专业优势。首先，近代风景园林的实践，客观地以人地关系为研究对象，以人地和谐为目标，衍生出的方法论体系和专业应对手段，具备良好的价值导向，适合解决城市更新的具体问题。其次，风景园林学科边界具有一定的交叉性，这种交叉性恰恰可以在多尺度、多阶段、多途径上协调和对接相关专业，进行技术融合，解决复杂的城市更新问题。例如，在生态文明建设的宏观背景下，风景园林专业所强调的生态服务功能对当下的城市更新实践起到了重要的引领作用。最后，风景园林专业具有很强的落地性。城市更新的实现路径是通过规划、设计、建设、实施和运营，在建成区置入新的内容和秩序。风景园林专业已经积累了大量在城市建成区落地实施的成熟经验和工程技法，面对新时期城市更新的新要求以及可以预期的大规模城市更新业务时，风景园林从业者需要进一步高效地参与到这一过程中去，并充分发挥协同甚至引领作用。

四、城市更新中风景园林的协同作用

风景园林以问题为导向的学科发展历程，使其具有强烈的交叉学科特征。6个二级学科的研究方向和内容，涵盖了风景园林保护、规划、设计、建设和管理的全过程，这与城市更新的实施路径相吻合。

城市更新行动，明确提出了建设宜居城市、绿色城市、韧性城市、智慧城市、人文城市的目标。然而，不同于以往以增量建设为主体的开发建设模式，城市更新的工作任务需要以促进资本和土地要素的进一步优化配置为主，进行存量资源的转型和升级。因此，在多专业融合解决城市更新问题、实现更新目标的过程中，风景园林专业的协同作用首先以城市发展的现实问题为核心展开。这些问题可以归结为4个方面。

1. 以妥善处理人地关系为专业出发点，对城市人文价值进行挖掘和延续

城市更新的过程是一个扬弃的过程，其所面对的人文环境不仅包含历史文化名城、历史街区、历史建筑或是不可移动文物、古树名木等空间要素或物质要素，还有城市发

展过程中所形成的特定生活方式、价值取向、记忆情怀，都应该在更新过程中被尊重。如何评判这些非物质因素的价值、进行怎样的技术决策，这是存量用地的更新业务中的必然矛盾和热点。在一定程度上，需要风景园林专业从业者基于保护的视角开展业务实践，实现对已有场所精神的挖掘和行为模式的尊重，这是避免更新过程同质化、更新内容物质化的重要手段。

2. 通过风景园林学途径，实现对区域生态功能的修复和完善

这是专业参与城市更新实践的核心和重点。更新工作中所面对的城市建成区环境，通常难以满足基本的生态服务功能，而产业的置换和升级通常会对环境承载力提出新的要求，这也是专业发挥优势的主要途径。以环境资源作为刚性约束条件，建立连续完整的生态基础设施体系，是实施城市更新行动的明确要求，风景园林专业实践已经在此领域积累了良好的理论和实践基础。

3. 以城市绿色空间为依托，对区域结构和功能进行重组及优化

户外绿色空间的营建，是城市更新过程中提升使用人群幸福感、获得感的重要手段。如何满足绿色空间在转型提质更新过程中的发展要求，如何通过和城市其他属性的公共空间建立逻辑上的联系而达到资源优化配置，如何通过变更、整合、串联实现绿色开放空间的系统服务功能，都是风景园林从业者需要思考和解决的问题。

4. 通过对景观环境的系统营建，实现城市风貌的展现和提升

城市的文化特质和精神内核，需要通过视觉途径来展现，以风景园林的手段阐述和表达更新区域的地域文化、山水格局、人文印记、风貌遗产，更有助于展示城市的发展活力，让人真正地与空间环境产生价值共鸣。

五、城市更新中风景园林的应对技术

面对新时期下城市更新的任务，风景园林专业的从业人员应该做好方法和技术上的准备和应对。当代的风景园林实践早已有别于造园术，但传统风景园林营建的方法体系在城市更新领域仍具有应用价值，甚至表现出旺盛的生命力，因此传统的造园技艺也同样应该被保留和传承，并在新的业务领域得到发展。技术上，除了发挥风景园林专业的传统核心优势外，以下 4 点内容在当下的城市更新任务中具有更为强烈的应用需求，应该结合风景园林专业方法论，在城市更新领域进行充分的技术储备和拓展。

首先，是基于多元数据的绿色指标体系分析方法及技术。对城市更新具体问题的判断需要以城市体检为实施路径。在试行版的《国土空间规划城市体检评估规程》中，明确规定了“安全、创新、协调、绿色、开放、共享”6 个维度的评估指标体系。在针对这 6 个维度的 107 个 3 级指标中，有 20 余项指标与风景园林的研究内容直接或高度相关。因此，建立风景园林多元数据的量化分析体系，并与城市体检的指标系统进行衔接，是专业系统推进城市更新工作的接入点之一。其中，景观绩效分析、空间分析与量化评

估、服务价值分析与评估等方法和技术，将会在城市更新前的评估中被广泛地应用并起到重要的决策支持作用。

其次，就是全尺度的生态方法和技术应用。城市更新面临着从宏观尺度到微观尺度的生态问题：宏观上，如何合理评价建成区的环境承载力和适宜性，怎样建立城市尺度的生态安全格局；中观上，如何建设具有价值属性的生态基础设施，如何实现区域生态价值的作用；微观上，如何营造一个宜人的小气候环境，建立一个保护性微生境；都需要系统的生态方法和技术支撑，这同时也是风景园林专业在多尺度空间上发挥作用的重要抓手。

再次，就是基于工程应用的可持续技术，城市更新将不可避免地面临一系列环境问题。限定条件下的最优技术组合，往往需要通过风景园林的途径实现，如水处理技术、土壤修复技术、植物净化技术、低维护技术、物质循环与资源化利用技术等，都需要风景园林专业在方法体系上融合相关技术应用。

最后，是多元数字技术的应用 [27-29]，建筑信息模型（building information modelling，BIM）、城市信息模型（city information modelling，CIM）已经在城市建设领域被广泛应用。城市更新往往面对的是复杂的城市现状。在数字化和信息化技术已经趋于成熟的当下，通过建立基于风景园林研究对象的基础信息模型及数字标准，将研究对象数据化、信息化，进而实现与城市更新业务中相关专业的对接，实现专业内的综合数字技术应用，并为后续实施、监测、评估、管理等各个环节提供数据支撑，这既是开展高质、高效规划设计和建造的技术基础，也是推进新型城市基础设施建设的必然要求。

通常情况下，一类技术手段通常只能解决单一的现实问题，复杂巨系统下的城市更新问题，往往需要多专业、多途径、多手段的综合技术来应对。在城市更新的复合任务框架和多元决策体系下，风景园林的技术手段，与其他应用学科一样，需要与城乡规划、建筑学、生态学、环境科学与工程等学科的应用技术相互联动，组成应用技术集群，进而形成针对复合问题的技术支撑体系，并在系统方法论的指导下，解决城市更新中的具体问题。因此，风景园林相关技术的存在意义，不仅仅在于解决学科内研究对象的实际问题，更在于与相关学科的应用技术形成联系，实现技术加成和技术延展，产生联动作用，进而优化完善学科的技术支撑体系，通过系统方法论的建立，实现专业对这一类问题的成熟应对 [30]，进一步拓展专业内涵并实现学科发展。

六、融入风景园林学科的城市更新路径

以“绿色健康”“美丽宜居”和“文化兼修”为目标，从风景园林学科角度精准把握城市更新的内涵，笔者初步提出了以下 5 个方面的更新路径，积极探索融入风景园林学科的城市更新的范式，科学提高城市更新的绩效，更好地满足人们对美好生活的需要。

1. 既是城市单元的更新，又是人居系统的更新

城市发展不仅关注城市内部空间建设，还需要协调与周边自然的关系，共同构建一个和谐共生的生态人居系统。城市更新工作虽然是以城市建成区为中心，但同样需要重新建立城市与自然的有机融合关系。在更新路径中，风景园林师要进一步强化“生态优先、绿色发展”的基本理念，以城市生态空间的保护、修复作为城市更新的基础手段，促进城市生态系统与人居系统协调。如，通过“保绿”推进城市绿色资源的保护和生态系统的修复，重新塑造城市与自然的共融关系；通过“引绿”实现城市外围绿色空间的渗透和连接，重新建立城市与生态的物质循环机制；通过“还绿”高效利用城市废弃空间和腾退闲置土地，重新恢复城市土地的生态功能。在城市更新过程中，除了保障现有绿色空间，风景园林师还需要聚焦于居民的需求。从在哪里、如何设计、服务设施有什么到如何使用和维护管理，从设计到施工，风景园林师都需要与公众及时交流，以此增强居民的归属感和认同感，从而使居民参与到城市更新的建设和维护之中，如深圳香蜜公园在规划设计营建中参考公众意见，进行参与式设计以满足市民需求，培育城市的公园文化，建设公众乐享之园，同时施工建设接受群众监督，建设完成后还建立了政府—理事会—企业维护机制以保障该公园的管理和维护工作。

2. 既是基础设施的更新，又是环境品质的更新

实施城市更新行动的目的，是推动解决城市发展中的突出问题和短板，提升人民群众对美好生活环境的获得感、幸福感和安全感。这意味着城市更新将从以基础设施更新优化为中心、以老旧硬件设施升级为重点的发展方式，变成以人民为中心、以生活质量为导向的城市环境品质综合提升模式。因此要以“高质量环境创造高品质生活”为指引，防止城市更新中的建设形成急于求成、盲目求新之风，要重新树立“品质优先”的原则，适度包容城市剩余空间。在实践过程中，风景园林师可通过“绿更新”“微更新”“巧更新”等策略，对城市原有的灰色基础设施进行改造，让城市道路成为林荫道，将城市的人工排水管网逐渐转换为由湿地、公园、草沟等组成的绿色网络；通过建设“微绿地”“口袋公园”“社区花园”等，营造或改善更多的城市绿色开放空间，提升公共空间品质。例如，成都利用绿道串联不同的景观资源，如自然生态节点以及历史人文节点，为市民提供多样化的公共活动场所，并带动周边产业，激发城市活力。同时绿道修补了城市慢行系统，满足徒步、自行车行驶等多种居民需求，可承载城市公共生活、社会交往等多种功能，实现了“绿色”让生活更美好的愿景，提高了居民的生活品质。

3. 既是景观形象的更新，又是生态韧性的更新

当前，新冠肺炎疫情仍在全球蔓延，面临这样重大的公共应急事件，如何开展城市开放空间的建设成为广泛讨论的议题。除此之外，高密度城市的雨洪压力、空气污染、地质灾害、地震火灾等问题不断增加，也威胁着城市安全。城市更新的目的不仅是让城市更美、更整洁，更是要重建和恢复一个具有生态韧性和弹性调节能力的城市系统。不

仅要“景观的高颜值”，更要“生态的高品质”，风景园林师在城市更新中通过塑造多尺度、多类型的韧性绿地空间，重建城市生态系统，提高生态绩效，促进景观破碎地区的生态修复，完善城市防灾避险功能，不断增强城市在承受各种扰动时能够化解和抵御外界冲击的能力，提高城市更新后的适应力与恢复力。城市更新工作通过保留如湖泊、湿地、森林等生态空间，规划城市必需的河、湖、渠等蓄—滞洪设施，使城市有一定比例的绿地能涵养雨水，有一定的库容能调蓄径流，建设由点（雨水花园等）、线（植草沟、明沟等）、面（湿地、河、湖等）组成的雨洪调节系统，维系和增强城市生态调节功能。如美国纽约市与风景园林学科研究团队合作，配合雨水桶赠送计划、绿色街道建设、史泰登岛蓝飘带等方法技术，加强了纽约市绿色基础设施建设，此举措不仅使纽约市免遭洪水侵袭，还利用街道旁的植物浅沟、滞留池、雨水花园等绿地进行景观设计，让城市更新所建设的绿地空间具有生态、景观双重功能。

4. 既是空间物质的更新，又是文化活力的更新

文化是城市的灵魂。城市在发展过程中形成的特有历史脉络和文化印迹，是城市文化气质的重要体现。城市更新可以让城市物质空间以“旧”变“新”，可以让“脏、乱、差”变成“洁、净、美”，但在空间物质的更迭中，不能忘记城市的文化根本。风景园林学科的重要使命是延续城市文脉传统，激发城市文化活力，实现城市更新的文化价值。城市更新应着重保护历史建筑和街区，关注当地的风土人情、历史文化、气候特征等，征询居民意见，修复和营造能唤起乡愁记忆的传统景观风貌和空间场景，增强居民的地方归属感。同时风景园林师应从历史文化遗产中汲取前人的哲学理念和生活态度，特别是对“意”的把握。以造园之意为先，之后以具体物质形态加以表现，创造出属于当代的文化景观。“意”为引领，以画入景，实现文化与景观、人与自然的融合。如苏州狮山公园山、水紧密相依，如同八卦图盘，不仅传承中国山水意象精神，还与城市发展的新导则及当代生态可持续概念相契合，以欣欣向荣的姿态实现了传统和现代园林文化的交融 [29]。风景园林学科引领下的城市更新将构建“文化 + 城市”“文化 + 风景”的混合发展模式，将文化力量注入城市更新实践，在文化传承中容纳新兴的城市功能，从而激发城市发展的活力。最终通过城市更新，挖掘和重塑城市的人文精神内涵，全力打造更具温度、更有情怀的城市人文环境。

5. 既是管理手段的更新，又是治理水平的更新

城市更新是城市高质量发展的路径，也是推动城市空间治理体系和治理能力升级的“催化剂”。若要实现城市有机更新的常态化，先要打破各自为政、条块分割、政绩导向的传统城市治理模式，然后建立以风景园林、城乡规划、建筑、生态、交通等多专业和学科为支撑的城市绿色综合治理平台。政府部门可从城市空间政策规范化、城市管理系统化、人民服务精细化 3 方面入手，做好顶层设计，切实加强和改进城市更新的管理工作，并建立“使用者—管理者—设计者—营造者”的 4 方传导体系，利用多方力量共

同探索城市更新的新模式，最终实现在城市更新中城市治理水平和管理手段的提升。

第二节 城市更新背景下风景园林设计实例

在城市更新背景下，以下这些案例都不是传统意义上风景园林专业独立操作的城市绿地建设项目，每一个项目都与城市更新密切相关，有些项目本身就是城市更新的重要组成部分。

一、整合既有生态资源

城市既有生态资源的有机整合，起到对生态资源的保护提升的作用。上海滨江森林公园项目位于上海市浦东新区高桥镇，面积 120 万 m^2，设计时间是 2004 年。

项目具有城市苗圃的华丽转身、郊野公园的创新尝试等特点，曾获得 2007 年 IFLA 亚太区风景园林优秀奖、2007 年上海市优秀设计一等奖、2008 年全国工程勘察设计行业优秀工程勘察设计行业奖（一等奖）、2008 年度全国优秀工程勘察设计奖银奖。

以一座经营了 20 余年的苗圃为基础，结合城市整体更新规划，经生态调整及恢复，改造成对公众开放的郊野休闲活动的森林公园。“生态保护、生态恢复、自然多样”的生态学理论在规划设计过程中较好地运用和实践检验；创造乐上海独具特色的滨江标志性景观；有效保护和强化了原有的环境结构和生态系统；建立了具有地域性特征、本土性特色的高品质的郊野环境空间。

二、构筑大型住宅区完整的生态系统

构筑大型住宅区完整的自然生态系统是践行“生态优先”理念。上海新江湾城公共绿地项目位于上海市新江湾城，面积 25.3hm^2，设计时间是 2005 年。

项目具有风景园林专业与城乡规划专业携手打造完整的城市区域自然生态系统等特点，曾获得 2011 年国家优秀工程设计奖金奖、2009 年度全国优秀工程勘察设计一等奖、2009 年上海市优秀工程设计奖一等奖。

根据区域总体生态规划，新江湾城的景观构架包括新江湾城公园、生态走廊和其过渡段、主题绿地、园林道路及防护性绿地等，每一景观区域都有其特殊功能和生态特征，形成从城市到公园再到自然的有序过渡和景观特色。

在“尊重自然、保护生态、弘扬自然、再造自然” 的原则指导下，设计时运用生态保护和生态修复的理念，设立空间上连续的自然保护区，建设生态廊道，形成自然、

完整的绿地系统，有效保护和统筹兼顾各类资源价值，并通过对天然资源的保护、修复和展示，打造新江湾城区域区域整体的自然生态环境。

三、工业遗产与风景园林“联姻”

城市工业遗产与风景园林的“联姻”是城市更新的重要延续。上海后工业景观示范园项目位于上海市宝山区原上海铁合金厂，面积 53hm^2，设计时间是 2008 年。

项目的设计强调工业遗址场地价值的再认识，探索园林景观如何延续工业文明的文脉，曾获得 2001 年度全国优秀工程勘察设计行业奖市政公用工程一等奖、2011 年度上海市优秀工程勘察设计项目一等奖。

以改造、重组与再生方式保留和延续场地的工业元素和工业特质。通过对场地历史和环境的景观更新，而非彻底拆毁、全盘重建的创始，给予了后工业景观示范园更加深刻的价值内涵和场地特征。设计时对遗留下来的各种工业设施、地标痕迹、废弃物等加以保留、更新利用或艺术加工，作为主要的景观构成元素，营造新的景观。通过改良土壤、建立地表水循环系统、恢复植被等手段，重塑区域的生态环境。

四、林地可成为城市的心灵净土

整合农、林、水、规划、旅游等相关领域，形成城市更新合力。上海浦江郊野公园项目位于上海市闵行区，面积 582hm^2，设计时间是 2014—2016 年。

项目为上海市首批十点建设的郊野公园之一，定位为“近郊都市型郊野公园”，曾获得 2019 年度全国优秀工程勘察设计行业奖市政公用工程一等奖、2019 年度上海市优秀设计一等奖。

大规模的林地面积使郊野空间在未来可打造成一处园林都市喧嚣的心灵净土，也为创造良好的动物栖息地、恢复生物多样性提供了条件。根据现状涵养林、生态片林的性质和生长状况，提出了“全面保护、综合抚育、生态疏伐、景观疏伐、生态改造”等不同的生态修复、提升方案。在整体恢复生态环境的基础上，提出划定生态保育区域，创造一系列生态环境各异的动物栖息地和生态廊道，为恢复生物多样性提供条件。

五、街心绿地与街区空间有机融合

中心城区既有生态空间（街心绿地）与城市街区公共空间呼应，是城市更新的有机融合。上海襄阳公园项目位于上海市徐汇区，面积 22000m^2，设计时间是 2015—2016 年。

项目具有与城市街区公共空间融为一体，并提升城市微空间品质的特点，曾获得 2017 年度上海市优秀设计三等奖。

襄阳公园初建于1941年的法租界，园内整体布局由典型的法式林荫道、对称式花坛等构成。本次除了对园内基础设施提升改造外，还结合中心城区（特别是衡复风貌区）整体改造，探索将襄阳公园彻底“打开”，将城市既有生态空间与城市街角公共空间融为一体，重点把襄阳北路新乐路转角的公共厕所动迁移位，留出广场公共空间并与对面东正教堂呼应，有效提升了城市公共微空间的品质。

六、集建筑文化遗产保护、生态环境恢复、游憩空间塑造于一体，是城市更新的文化传承

福建泉州五里桥文化公园项目位于福建省泉州市南安市水头镇，面积70hm^2，设计时间是2009年。项目是一座以历史文化遗产与生态环境恢复为主要特征的生态文化公园，曾获得2015年度全国优秀工程勘察设计行业奖一等奖、2013年第十届IFLA亚太区土地管理类一等奖、2013年上海市优秀工程设计奖一等奖。

泉州市中国古代海上丝绸之路的起点。五里桥是我国现存最长的梁式石桥，全长2255m，始建于南宋。在本项目中，由行政管理人员、生态学家、生物学家、文物专家等多学科、多专业组成的规划研究团队，对历史文化遗产保护、生态环境恢复、水体治理及文化生态公园建设进行专题研究，取得了多方面的突破。

参考文献

[1] 杨至德主编 . 风景园林设计原理 第 4 版 [M]. 武汉：华中科技大学出版社，2021.02.

[2] 李开然编著 . 风景园林设计 [M]. 上海：上海人民美术出版社， 2014.04.

[3] 迟艳著 . 风景园林设计 [M]. 北京：新华出版社， 2014.04.

[4] 杨至德本书主编; 朱育帆本书主审; 杨艳红本书副主编; 杨至德，杨艳红，徐岩岩，贺丹瑛本书编写委员会；何镜堂，仲德崑，张颀，李保峰等丛书审定委员会 . 风景园林设计原理 [M]. 武汉：华中科技大学出版社， 2015.09.

[5](美)诺曼 K. 布思(Norman K.Booth)著; 曹礼昆，曹德鲲译 . 风景园林设计要素 [M]. 北京：中国林业出版社， 1989.07.

[6] 陈文德主编 . 风景园林种植设计原理 [M]. 成都：四川科学技术出版社， 2015.07.

[7] 邱冰，张帆编著 . 风景园林设计表现理论与技法 [M]. 南京：东南大学出版社，2012.12.

[8] 樊欣，徐瑞编著 . 风景园林快题设计方法与实例 [M]. 北京：机械工业出版社，2015.05.

[9] 王林生著 . 城市更新 [M]. 广州：广东人民出版社， 2009.10.

[10] 上海通志馆，《上海滩》杂志编辑部 . 砥砺前行 上海城市更新之路 [M]. 上海：上海大学出版社， 2021.05.

[11]Andrew Tallon. 英国城市更新 [M]. 上海：同济大学出版社， 2017.02.

[12] 同济大学建筑与城市空间研究所，株式会社日本设计 . 东京城市更新经验 城市再开发重大案例研究 [M]. 上海：同济大学出版社， 2019.06.

[13] 高明 . 城市更新与可持续发展研究 [M]. 南宁：广西科学技术出版社， 2017.10.

[14] 张雯作 . 城市文化传播研究丛书 城市更新实践与文化空间生产 [M]. 上海：上海交通大学出版社， 2019.12.

[15] 郁凤兵，龙莉波，马豪强著 . 城市更新之商业综合体不停业升级改造 [M]. 上海：同济大学出版社， 2017.09.

[16] 阳建强编著 . 西欧城市更新 [M]. 南京：东南大学出版社， 2012.01.

[17] 白友涛，陈赟畅著 . 城市更新社会成本研究 Social cost of urban renewal eng[M].

南京：东南大学出版社，2008.04.

[18] 阳建强著．城市更新与可持续发展 [M]. 南京：东南大学出版社，2020.10.

[19] 吴国清，吴瑶等著．城市更新与旅游变迁 [M]. 上海：上海人民出版社，2018.11.

[20] 莫霞著．城市设计与更新实践 [M]. 上海：上海科学技术出版社，2019.09.

[21] 张敏，龙莉波．城市更新之既有建筑地下空间开发 [M]. 上海：同济大学出版社，2021.08.

[22] 李翔宁，杨丁亮，黄向明著．上海城市更新五种策略 [M]. 上海：上海科学技术文献出版社，2017.08.

[23] 郑剑艺，费迎庆编著．澳门世遗路线扩展与城市更新 [M]. 南京：东南大学出版社，2018.11.

[24] 徐可西．城市更新背景下的建筑拆除决策机制研究 [M]. 北京：中国经济出版社，2020.06.

[25] 隋欣，王佳琪，张安．城市公园运营管理诊断系统及更新规划设计模式初探——风景园林应用型本科课程教学实践研究 [J]. 教育现代化，2018（25）：154-155.

[26] 倪煜松．风景园林视角下的城市更新——以安纺社区改造项目为例 [J]. 汽车博览，2022（7）：237-239.

[27] 曲力龙．风景园林人性化设计在城市景观规划中的应用 [J]. 数码设计（上），2021（6）：362-363.

[28] 张颜明．风景园林人性化设计在城市景观规划中的应用分析 [J]. 市场周刊（理论版），2020（92）：235.

[29] 王丽．城市生态风景园林设计中植物的主要功能和配置方法 [J]. 花卉，2020（22）：118-119.

[30] 崔智慧．浅析风景园林设计在城市规划中的作用 [J]. 工程技术（文摘版），2016（7）：109.

[31] 梁爽．城市双修背景下中国风景园林的营造策略 [J]. 建筑与装饰，2020（15）：132-133.

[32] 钱凡．存量背景下上海城市绿地更新改造设计探究 [J]. 中国园林，2021（A2）：41-45.

[33] 闫珅．城市更新 [N]. 西安日报 .2022.03.31（第 05 版：专题）

[34] 杨学聪．抓住城市更新的机遇 [N]. 经济日报 .2022.02.06（第 07 版：冬奥会特别报道）

[35] 夏晨翔．城市更新跑出“加速度”[N]. 中国经营报 .2022.06.06（第 19 版：地产）

[36] 记者 任晓明．城市更新 向美而行 [N]. 太原日报 .2022.09.09（第 02 版：要闻）

[37] 宋晓娜 . 城市更新，看芝罘 [N]. 烟台日报 .2021.11.25（第 01 版：首页）

[38] 杨丽 . 城市更新慎用“一键重启”[N]. 新华日报 .2021.10.22（第 5 版：要闻•观点）